服装实战技术系列丛书

裙装纸样实战技术
——从裁剪到放码

刘霄 著

东华大学出版社

·上海·

图书在版编目（CIP）数据

裙装纸样实战技术：从裁剪到放码/刘霄著.—上海：
东华大学出版社，2016.6
ISBN 978-7-5669-1082-0

Ⅰ.①裙...Ⅱ.①刘...Ⅲ.①裙装—纸样设计Ⅳ.①TS941.717.8

中国版本图书馆CIP数据核字（2016）第138644号

责任编辑　吴川灵
封面设计　雅　风
版式设计　刘　恋
封面插画　郝永强

裙装纸样实战技术
——从裁剪到放码

刘霄 著
出版：东华大学出版社 (上海市延安西路1882号 200051)
本社网址：http://www.dhupress.net
天猫旗舰店：http://dhdx.tmall.com
营销中心：021-62193056　62373056　62379558
电子邮箱：805744969@qq.com
印刷：苏州望电印刷有限公司
开本：889mm×1194mm 1/16
印张：8.5
字数：298千字
版次：2016年6月第1版
印次：2016年6月第1次印刷
书号：ISBN 978-7-5669-1082-0/TS・711
定价：38.00元

前　言

　　服装纸样技术是一项充满创造性的技术工作。技术的提高对于初学者来说没有捷径，只有经过艰苦的训练，才能获得足够的经验积累，当达到一定的水准应拓展其交叉学科的学习，如人体工学、工艺、面料、色彩、几何、绘画等。

　　每一个服装品牌都有自己的基础纸样，例如上衣基础纸样、裤子基础纸样、裙子基础纸样等。其他所有的服装款式造型都是从这些基础纸样变化而成，因此服装品牌市场定位的不同而导致各个品牌的基础纸样也不尽相同。本书提供的基础纸样以及所有的款式纸样只能作为参考，并不能代表所有的品牌。

　　笔者从事服装纸样设计工作近二十年，并长期担任服装公司的板房主管、首席纸样师，技术总监以及服装学院的工业纸样设计、立体裁剪课程的教师，具有丰富的实践经验和教学经验。

　　本书在编写的过程中得到了林福云、何庆波、刘祎涵、冯小川、姜宁的大力协助，在此表示衷心的感谢。由于水平有限，若有错漏，恳请前辈先师不吝指正。最后向被此书援引、借鉴的国内外文献的作者致以诚挚的谦意，并恳请他们的谅解。

作者

2016年3月20日于鹏城

目 录

第四章　裙装工业纸样的应用 / 77

第五章　裙装纸样放码 / 105

第一章

服装与人体
（人台）

　　服装的穿着对象是人体，服装纸样的构成就是把人体的外形轮廓展开，从而得到服装的基础纸样，基础纸样是服装的基本型。

　　服装纸样设计的点、线、面是根据人体的点、线、面而定，人体的外形结构决定了服装的基本形态和结构，熟悉并掌握人体是服装纸样设计的必修课程。

　　人台是理想人体的替代品，服装工业化的生产是以标准的理想人体尺寸数据为标准，然后延伸出系列规格的大小尺码。

第1节 人体主要部位的认识

根据人体体型特征和关节活动特点，可将人体划分成20个部位。

1. 头部　　　2. 颈部　　　3. 肩部
4. 胸部　　　5. 腰部　　　6. 腹部
7. 背部　　　8. 臀部　　　9. 肩端部
10. 上臂部　　11. 肘部　　12. 下臂部
13. 手腕部　　14. 手部　　15. 胯关节部
16. 大腿部　　17. 膝部　　18. 小腿部
19. 脚腕部　　20. 足部

其中，颈部、腰部、肩端部、肘部、手腕部、胯关节部、膝部、脚腕部是人体的重要活动部位，所有人体的弯、转、扭、伸、屈、抬、摆等动作都是由这些部位运动而形成，而这些动作的运动幅度在一定条件下又将决定服装放松量的大小。

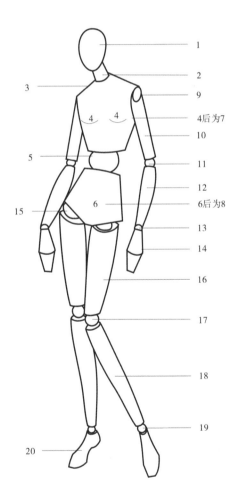

第2节　人体（人台）主要
基准点的认识

根据人体测量的需要，可将人体体表设置22个人体基准点。

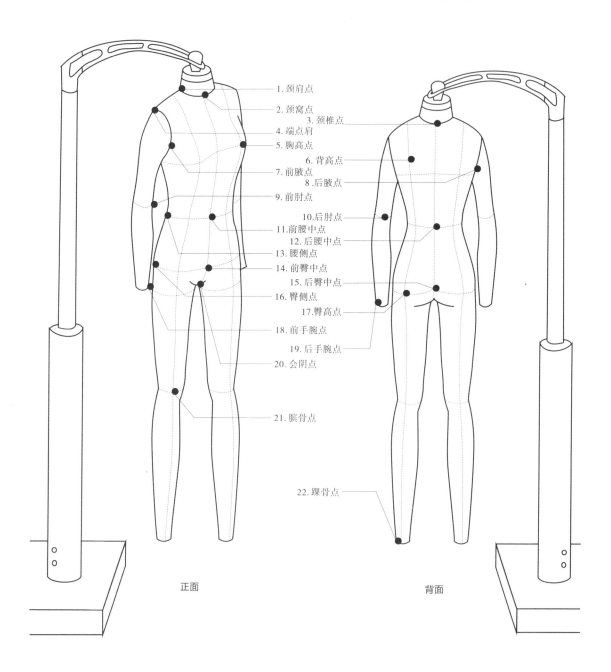

1. 颈肩点
2. 颈窝点
3. 颈椎点
4. 端点肩
5. 胸高点
6. 背高点
7. 前腋点
8. 后腋点
9. 前肘点
10. 后肘点
11. 前腰中点
12. 后腰中点
13. 腰侧点
14. 前臀中点
15. 后臀中点
16. 臀侧点
17. 臀高点
18. 前手腕点
19. 后手腕点
20. 会阴点
21. 膑骨点
22. 踝骨点

正面　　　　　　背面

第3节 人体（人台）主要基准线的认识

　　根据人体体表的起伏交界，人体前后分界及人体对称性等基本特征，可对人体外表设置以下18条人体基准线。

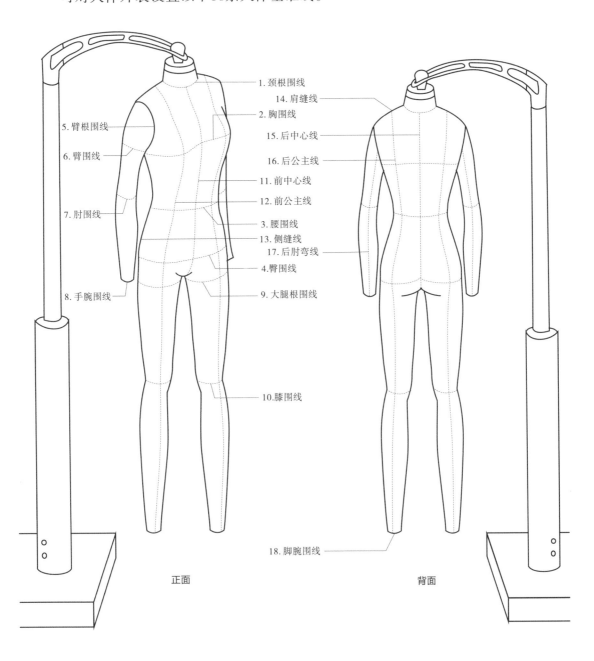

正面　　　　　　　　背面

（图中标注）
1. 颈根围线
14. 肩缝线
2. 胸围线
5. 臂根围线
6. 臂围线
15. 后中心线
16. 后公主线
11. 前中心线
12. 前公主线
7. 肘围线
3. 腰围线
13. 侧缝线
17. 后肘弯线
4. 臀围线
8. 手腕围线
9. 大腿根围线
10. 膝围线
18. 脚腕围线

第4节 人体（人台）主要体表形态的认识

　　人体体表是由起伏不平的曲面(凹凸面)组成，概括起来可分为不规则的球面（凸面)和不规则的双曲面(凹面)。球面体表形态的中心部位将决定服装省尖及工艺归拔的伸展区域，球面体表形态的边缘部位决定服装省口的位置及工艺归拔的收缩区域，双曲面球面体表形态的中心部位将决定服装省口的位置及工艺归拔的收缩区域，双曲面球面体表形态的边缘部位，将决定服装省尖的位置及工艺归拔的伸展区域。

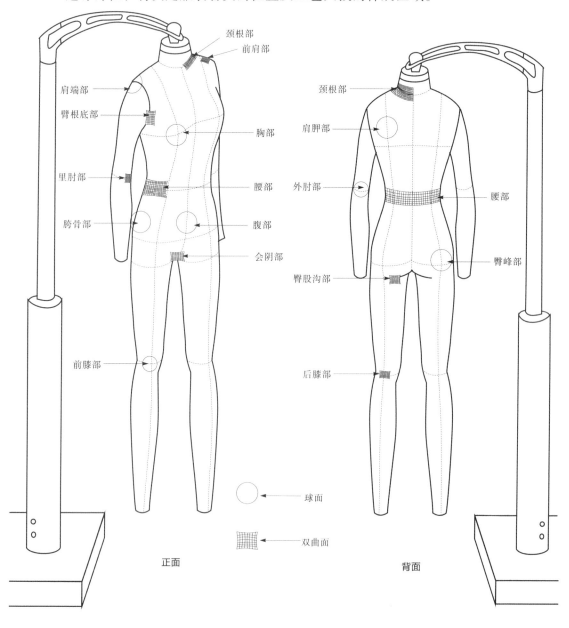

颈根部
前肩部
肩端部
臂根底部
胸部
里肘部
腰部
腹部
胯骨部
会阴部
前膝部

颈根部
肩胛部
外肘部
腰部
臀峰部
臀股沟部
后膝部

球面
双曲面

正面　　　　　　　　　　背面

第5节　服装结构与人体外形的关系

服装结构与人体外形有直接的关系，由于生理关系及生长发育方面的原因，人体性别，成人、儿童在各个方面存在着差异，了解并研究这些差异是必要的。

一、肩部

男性肩部一般较宽而平，肩头略前倾，整个肩膀俯看呈弓形状，肩部前中央表面呈双曲面状。

女性肩部一般较男性窄而斜，肩头前倾度，肩膀弓形状及肩部前中央的双曲面较男性显著。

老年肩部一般肩薄而斜，肩头前倾度，肩膀弓形状及肩部双曲面均强于成人。

幼儿肩部一般肩窄而薄，肩头前倾度，肩膀弓形状及肩部双曲面均弱于成人。

肩部是前后衣片的分界线，是服装的支撑点，肩部的特征及差异反映在结构上，主要表现在以下几个方面：

1. 肩头的前倾使得一般上衣的前肩缝线略斜于后肩缝线。
2. 肩膀的弓形状使得上衣肩缝线略斜长后肩缝线，且后肩缝线内凹，后肩阔与前肩。
3. 女肩窄男肩，相同条件下女装肩宽小于男装肩宽。
4. 女肩肩头的前倾度大于男肩肩头，决定了女装的肩斜度大于男装。

二、前胸部和后背部

男性胸部表面呈球面状，背部肩胛骨微微隆起，后腰节长于前腰节(简称腰节差）。

女性胸部表面乳峰高高隆起，使得胸部呈圆锥状，背部肩胛骨突起较男性显著，前后腰节差明显小于男性。

老年胸部较青年平坦，背部肩胛骨更显著，脊椎弯曲度大于青年。

幼儿胸部的球面状程度与成人相仿，但肩胛骨的隆起却明显弱与成人，背部平直且略后倾。

上述的外形特征及其差异，反映在服装结构上，主要表现在以下几个方面：

1. 女性的乳峰体形特征决定了胸省、胸褶等女装结构的特有造型。
2. 腰节差的存在决定了男装的后腰节长于前腰节，女装由于乳峰的隆起，前后腰节差小于男性。
3. 肩胛骨的隆起决定了合体男女装要有肩背省，以及通过该部周围的分割边缘留有劈势等一系列的处理方法。
4. 幼儿的背部平直且略有后倾，使得童装的后腰节只要等于前腰节长即可。

服装结构与人体外形的关系

三、腰部

男性腰部较宽，腰部凹陷明显，侧腰部呈双曲面状。

女性腰部较细，腰部凹陷明显，侧腰部呈双曲面状明显强于男性。

老年腰部凹陷，侧腰部呈双曲面状弱于青年。

幼儿腰部呈圆桶状，腹部突起，腰节不明显。

由于腰部的凹陷状，反映在服装结构上主要表现在以下几个方面：

1. 腰部的明显凹陷状产生了曲腰身结构的服装，男女腰部凹陷的区别又决定相同情况下，女装的收腰量要大于男装的收腰量。
2. 侧腰的双曲面状决定了曲腰身服装的侧缝线腰节处必须拔开或拉伸。
3. 老年和幼儿的胸腰围相近，使得他们的服装以直腰身结构为主。

四、臀部与腹部

男性臀窄且小于肩宽，后臀外凸较明显，呈一定的球面状，臀腰差较小，腹部微凸。

女性臀宽且大于肩宽，后臀外凸更明显，呈一定的球面状，臀腰差大于男性，腹部较圆浑。

老年男性的后臀部外形和青年基本相仿，但腹部较青年更凸起，老年女性的后臀部侧显得宽大圆浑，略有下垂，腹部凸起，与青年相比，老年的臀腰差明显减小。

幼儿臀窄且外凸不明显，臀腰差几乎不存在。

五、上肢部

上肢部由上臂、下臂和手三部分组成。男性手臂较粗、较长手掌较宽大；女性手臂较细，较男性短，手掌较男性狭小；老年人的手臂基本与青年人的手臂没什么区别，但关节肌肉萎缩；幼儿手臂较短，手掌较小。

男性的手臂下垂自然弯曲向前的状态大于女性，男性约为6.8cm，女性约为6cm，这是由于男女体型平衡的关系差异所决定的，手的不同大小，决定男、女、童各种服装口袋袋口的大小，袋口位置与高低与手臂的长短有关，同时手腕、手掌、手指都是服装袖长、袖肥、袖口的衡量依据。

第6节　人体测量

一、测体须知

测体时要求被测量者着内衣，自然站立、两眼目视前方呼吸正常，测量时皮尺要横平竖直。

测量顺序：一般是先量长度，后量宽度，再量围度。

说明：初学者应在立裁人台上加以练习。

二、测量部位与方法

(一)长度测量

1. 总体高：被测者自然站立，由头部定点量到脚跟。
2. 体高：从侧颈点垂直量到脚跟。
3. 背长：从第七颈椎点下量到腰节最细部。
4. 前腰长：从侧颈点通过胸高点量到腰节最细处。
5. 胸高点：从侧颈点向下量到乳点。
6. 袖长：从肩端点向下量到腕骨或需长度。
7. 衣长：从侧颈点通过胸高点向下量到所需长度，为前衣长。从第七颈椎点向下量到所需长度，为后衣长。
8. 裙长：从腰节最细的侧身处向下垂量到所需长度。
9. 裤长：从腰节最细的侧身处向下垂量到踝骨点，按其款式不同，长度可以变化。

(二)宽度测量

1. 总肩宽：肩端点左右平衡，软尺水平量。
2. 胸宽：两前腋点左右平量。
3. 背宽：后背腋点左右平量。
4. 乳距：乳头两点间距离。

(三)围度测量

1. 头围：从额头耳上方围头部量一周。
2. 颈围：围量勃颈一周。
3. 胸围：在腋下沿胸部最丰满处量一周。
4. 腰围：在腰部最细处量一周。
5. 臀围：臀部最丰满处水平量一周。
6. 大腿根围：围绕大腿根部水平围量一周。
7. 腕围：沿手腕处围量一周。

第二章

服装纸样设计基础

任何事物都应从基础学起，纸样设计亦是同样道理。此章节介绍包括服装成品规格与号型系列，纸样设计的工具，纸样绘制符号与纸样生产符号。

很显然，对于初学者来说，在学习绘图之前，了解并掌握这些基础知识是必要的。

第1节 女装的成品规格与号型系列

一、服装成品规格的来源

服装成品规格的来源于人体测量，或由生产要货的客户提供的数据参数，或按实物样品测量的数据参数，以及国家标准的号型系列中取得的数据设计成服装成品规格。

二、服装号型系列

服装号型系列是根据我国正常人体主要部位的尺寸和使用需要，对不同人体体型进行科学系统的数据处理所制订的国家服装号型标准，这个标准基本反映了我国人体规律，具有广泛的代表性。

[服装号型]GB/T1335-97，由国家技术监督局颁布的国家标准，它是设计批量成衣的规格和依据，也为不同的消费者提供了方便。

[服装号型]标准适用于我国绝大多数各部位发育正常的人体，过分矮、胖或特别瘦削的体型，以及有体型缺陷的人不包括在[服装号型]所指的范围内。

1. 号型定义："号"是指身高，是设计服装长度规格的依据，"型"是指围度，即净胸围和净腰围，是设计服装围度规格的依据。

2. 体型分类：体型分类是根据人体的净胸围和净腰围的差数依据，把人体分为Y、A、B、C四种体型，其中Y型的胸围与腰围的差数最大，C型的胸围与腰围的差数最小。

Y型胸大腰小；A型胖瘦适当；B型微胖；C型为胖体。

A体型和B体型的较多，其次为Y体型、C体型，一般来说B、C体型以中老年人居多。

体型分类数据表

性别	男				女			
体型分类	Y	A	B	C	Y	A	B	C
胸腰差数	22-17	16-12	11-7	6-2	24-18	18-14	13-9	8-4

3. 号型标志：按[服装号型]标准规定，服装成品上必须有号型标志，其表示方法为"号"的数值在前，"型"的数值在后，中间用斜线分隔，型的数值后面是体型分类，例如：160/84A，号160表示此人的身高是160cm，型84表示此人的净胸围是84cm，体型分类代号A，表示此人胸围、腰围的差数在14-18cm之间。

4. 号型系列：把人体的"号"和"型"进行有规则的分档排列，称号型系列，"号"的分档与"型"的分档相结合，分别有5·4系列、5·2系列两种，号型系列中前一个数字"5"表示号的分档数值，成年男子从150-185cm，成年女子从145-175cm均为每隔5cm为一档，后一个数字"4"或"2"是型的分档数值，成年男子上装胸围从72-112cm，成年女子上装胸围从72-108cm，每隔4cm或2cm分一档，下装腰围也是4cm或2cm分一档，成年男子腰围从56-108cm，成年女子腰围从50-102cm。

女装的成品规格与号型系列

5. 号型应用: 消费者在选购服装前, 首先要知道自己的身高、净胸围和净腰围, 算出胸腰差数, 确定自己属于Y、A、B、C四种体型的哪一种, 然后从中选择符合自己号型的服装, 若一个人的身高和胸围与号型设置不吻合时, 则采用近距靠拢法。见下表。

按身高数值选用号

人体身高	162-167	167-172	172-177	……
选用号	165	170	175	……

按净胸围数值选用上装的型

人体净胸围	82-86	86-90	90-94	……
选用型	84	88	92	……

按净腰围数值选用下装的型

人体净腰围	54-57	58-61	62-65	……
选用型	56	60	64	……

在服装生产中要注意, 选用号型必须考虑目标市场地区的人口状况和市场需求情况, 相应地安排一定比例的两头号型, 以满足大部分人的穿着要求。5·4系列一般用于上装, 通常4~5个码, 5·2系列一般用于下装, 通常有6个码。

6. 服装号型系列的控制部位数值: 一套服装仅有长度、胸围、腰围是不够的, 必须有各部位的尺寸才能缝制出合体的服装, 这些部位称之为控制部位, 是服装规格的依据, 控制部位的数据和衣着要求加上不同的放松量就是服装规格, 如衣长、胸围、肩宽、袖长、颈围、腰围、臀围等。

所有号型系列见表1-表10。

女装的成品规格与号型系列

5·4、5·2Y 号型系列见表1

表1 单位：cm

腰围 / 身高 胸围	Y 145		150		155		160		165		170		175	
72	50	52	50	52	50	52	50	52						
76	54	56	54	56	54	56	54	56	54	56				
80	58	60	58	60	58	60	58	60	58	60	58	60		
84	62	64	62	64	62	64	62	64	62	64	62	64	62	64
88	66	68	66	68	66	68	66	68	66	68	66	68	66	68
92			70	72	70	72	70	72	70	72	70	72	70	72
96					74	78	74	78	74	78	74	78	74	78

5·4、5·2A 号型系列见表2

表2 单位：cm

腰围 / 身高 胸围	A 145			150			155			160			165			170			175		
72				54	56	58	54	56	58	54	56	58									
76	58	60	62	58	60	62	58	60	62	58	60	62	58	60	62						
80	62	64	66	62	64	66	62	64	66	62	64	66	62	64	66	62	64	66			
84	66	68	70	66	68	70	66	68	70	66	68	70	66	68	70	66	68	70	66	68	70
88	70	72	74	70	72	74	70	72	74	70	72	74	70	72	74	70	72	74	70	72	74
92				74	76	78	74	76	78	74	76	78	74	76	78	74	76	78	74	76	78
96							78	80	82	78	80	82	78	80	82	78	80	82	78	80	82

女装的成品规格与号型系列

5·4、5·2B 号型系列见表3

表3　　　　　　　　　　　　　　　　　　　　　　　　　　　　　　单位：cm

胸围 \ 身高 (腰围)	145		150		155		160		165		170		175	
68			56	58	56	58	56	58	56					
72	60	62	60	62	60	62	60	62	60	62				
76	64	66	64	66	64	66	64	66	64	66				
80	68	70	68	70	68	70	68	70	68	70	68	70		
84	72	74	72	74	72	74	72	74	72	74	72	74	72	74
88	76	78	76	78	76	78	76	78	76	78	76	78	76	78
92	80	82	80	82	80	82	80	82	80	82	80	82	80	82
96			84	86	84	86	84	86	84	86	84	86	84	86
100					88	90	88	90	88	90	88	90	88	90
104							92	94	92	94	92	94	92	94

5·4、5·2C 号型系列见表4

表4　　　　　　　　　　　　　　　　　　　　　　　　　　　　　　单位：cm

胸围 \ 身高 (腰围)	145		150		155		160		165		170		175	
68	60	62	60	62	60	62								
72	64	66	64	66	64	66	64	66						
76	68	70	68	70	68	70	68	70						
80	72	74	72	74	72	74	72	74	72	74				
84	76	78	76	78	76	78	76	78	76	78	76	78		
88	80	82	80	82	80	82	80	82	80	82	80	82		
92	84	86	84	86	84	86	84	86	84	86	84	86	84	86
96			88	90	88	90	88	90	88	90	88	90	88	90
100			92	94	92	94	92	94	92	94	92	94	92	94
104					96	98	96	98	96	98	96	98	96	98
108							100	102	100	102	100	102	100	102

女装的成品规格与号型系列

服装号型各系列分档数值

表5 　　　　　　　　　　　　　　　　　　　　　　　单位:cm

体型	Y								A							
部位	中间体		5·4系列		5·2系列		身高1)、胸围2)、腰围3)每增减1cm		中间体		5·4系列		5·2系列		身高1)、胸围2)、腰围3)每增减1cm	
	计算数	采用数	计算数	采用数	计算数	采用数	计算数	采用数	计算数	采用数	计算数	采用数	计算数	采用数	计算数	采用数
身高	160	160	5	5	5	5	1	1	160	160	5	5	5	5	1	1
颈椎点高	136.2	136.0	4.64	4.00			0.89	0.80	136.0	136.0	4.53	4.00			0.91	0.80
坐姿颈椎点高	62.6	62.5	1.66	2.00			0.33	0.40	62.6	62.5	1.65	2.00			0.33	0.40
全臂长	50.4	50.5	1.66	1.50			0.33	0.30	50.4	50.5	1.70	1.50			0.34	0.30
腰围高	98.2	98.0	3.34	3.00	3.34	3.00	0.67	0.60	98.1	98.0	3.37	3.00	3.37	3.00	0.68	0.60
胸围	84	84	4	4			1	1	84	84	4	4			1	1
颈围	33.4	33.4	0.73	0.80			0.18	0.20	33.7	33.6	0.78	0.80			0.20	0.20
总肩宽	39.9	40.0	0.70	1.00			0.18	0.25	39.9	39.4	0.64	1.00			0.16	0.25
腰围	63.6	64	4	4	2	2	1	1	68.2	68	4	4	2	2	1	1
臀围	89.2	90.0	3.12	3.60	1.56	1.80	0.78	0.90	90.9	90.0	3.18	3.60	1.60	1.80	0.80	0.90

女装的成品规格与号型系列

表6 单位:cm

体型	B								C							
部位	中间体		5·4系列		5·2系列		身高1)、胸围2)、腰围3)每增减1cm		中间体		5·4系列		5·2系列		身高1)、胸围2)、腰围3)每增减1cm	
	计算数	采用数	计算数	采用数	计算数	采用数	计算数	采用数	计算数	采用数	计算数	采用数	计算数	采用数	计算数	采用数
身高	160	160	5	5	5	5	1	1	160	160	5	5	5	5	1	1
颈椎点高	136.3	136.5	4.57	4.00			0.92	0.80	136.5	136.5	4.48	4.00			0.90	0.80
坐姿颈椎点高	63.2	63.0	1.81	2.00			0.36	0.40	62.7	62.5	1.80	2.00			0.35	0.40
全臂长	50.5	50.5	1.68	1.50			0.34	0.30	50.5	50.5	1.60	1.50			0.32	0.30
腰围高	98.0	98.0	3.34	3.00	3.30	3.00	0.67	0.60	98.2	98.0	3.27	3.00	3.27	3.00	0.65	0.60
胸围	88	88	4	4			1	1	88	88	4	4			1	1
颈围	34.7	34.6	0.81	0.80			0.20	0.20	34.9	34.8	0.75	0.80			0.19	0.20
总肩宽	40.3	39.8	0.69	1.00			0.17	0.25	40.5	39.2	0.69	1.00			0.17	0.25
腰围	76.6	78	4	4	2	2	1	1	81.9	82	4	4	2	2	1	1
臀围	94.8	96.0	3.27	3.20	1.64	1.60	0.82	0.80	96.0	96.0	3.33	3.20	1.66	1.60	0.83	0.80

1) 身高所对应的高度部位是颈椎点高、坐姿颈椎点高、全臂长、腰围高。
2) 胸围所对应的围度部位是颈围、总肩宽。
3) 腰围所对应的围度部位是臀围。

女装的成品规格与号型系列

服装号型各系列控制部位数值

控制部位数值是指人体主要部位的数值(系净体数值)，是设计服装规格的依据。

5·4、5·2Y号型系列见表7

表7 　　　　　　　　　　　　　　　　　　　　　　　　　　　　　单位:cm

Y														
部位	数　　值													
身高	145		150		155		160		165		170		175	
颈椎点高	124.0		128.0		132.0		136.0		140.0		144.0		148.0	
坐姿颈椎点高	56.5		58.5		60.5		62.5		64.5		66.5		68.5	
全臂长	46.0		47.5		49.0		50.5		52.0		53.5		55.0	
腰围高	89.0		92.0		95.0		98.0		101.0		104.0		107.0	
胸围	72		76		80		84		88		92		96	
颈围	31.0		31.8		32.6		33.4		34.2		35.0		35.8	
总肩宽	37.0		38.0		39.0		40.0		41.0		42.0		43.0	
腰围	50	52	54	56	58	60	62	64	66	68	70	72	74	76
臀围	77.4	79.2	81.0	82.8	84.6	86.4	88.2	90.0	91.8	93.6	95.4	97.2	99.0	100.8

5·4、5·2A号型系列见表8

表8 　　　　　　　　　　　　　　　　　　　　　　　　　　　　　单位:cm

A														
部位	数　　值													
身高	145		150		155		160		165		170		175	
颈椎点高	124.0		128.0		132.0		136.0		140.0		144.0		148.0	
坐姿颈椎点高	56.5		58.5		60.5		62.5		64.5		66.5		68.5	
全臂长	46.0		47.5		49.0		50.5		52.0		53.5		55.0	
腰围高	89.0		92.0		95.0		98.0		101.0		104.0		107.0	
胸围	72		76		80		84		88		94		98	
颈围	31.2		32.0		32.8		33.6		34.4		35.2		36.0	
总肩宽	36.4		37.4		38.4		39.4		40.4		41.4		42.4	
腰围	54	56	58	58	60	62	62	64	66	66	68	70	70	72	74	74	76	78	78	80	82
臀围	77.4	79.2	81.0	81.0	82.8	84.6	84.6	86.4	88.2	88.2	90.0	91.8	91.8	93.6	95.4	95.4	97.2	99.0	99.0	100.8	106.6

女装的成品规格与号型系列

5·4、5·2B 号型系列见表9

表9 单位: cm

B																			
部位	数 值																		
身高	145		150		155		160		165		170		175						
颈椎点高	124.5		128.5		132.5		136.5		140.5		144.5		148.5						
坐姿颈椎点高	57.0		59.0		61.0		63.0		65.0		67.0		69.0						
全臂长	46.0		47.5		49.0		50.5		52.0		53.5		55.0						
腰围高	89.0		92.0		95.0		98.0		101.0		104.0		107.0						
胸围	68		72		76		80		84		88		92		96		100		104
颈围	30.6		31.4		32.2		33.0		33.8		34.6		35.4		36.2		37.0		37.8
总肩宽	34.8		35.8		36.8		37.8		38.8		39.8		40.8		41.8		42.8		43.8
腰围	56	58	60	62	64	66	68	70	72	74	76	78	80	82	84	86	88	90	92	94
臀围	78.4	80.0	81.6	83.2	84.8	86.4	88.0	89.6	91.2	92.8	94.4	96.0	97.6	99.2	100.8	102.4	104.0	105.6	107.2	108.8

5·4、5·2C 号型系列见表10

表10 单位: cm

C																					
部位	数 值																				
身高	145		150		155		160		165		170		175								
颈椎点高	124.5		128.5		132.5		136.5		140.5		144.5		148.5								
坐姿颈椎点高	56.5		58.5		60.5		62.5		64.5		66.5		68.5								
全臂长	46.0		47.5		49.0		50.5		52.0		53.5		55.0								
腰围高	89.0		92.0		95.0		98.0		101.0		104.0		107.0								
胸围	68		72		76		80		84		88		92		96		100		104		108
颈围	30.8		31.6		32.4		33.2		34.0		34.8		35.6		36.4		37.2		38.0		38.8
总肩宽	34.2		35.2		36.2		37.2		38.2		39.2		40.2		41.2		42.2		43.2		44.2
腰围	60	62	64	66	68	70	72	74	76	78	80	82	84	86	88	90	92	94	96	98	100	102
臀围	78.4	80.0	81.6	83.2	84.8	86.4	88.0	89.6	91.2	92.8	94.4	96.0	97.6	99.2	100.8	102.4	104.0	105.6	107.2	108.8	110.4	112.0

第2节 女装纸样设计的工具

在工业纸样的设计中，标准化的纸样是达到服装品质的重要保证，所以专业化的工具尤为重要。

1. 工作台

   工作台是纸样设计的专用桌子，需台面平整，一般长120~150cm，宽90cm左右，高84cm左右。

2. 大白纸

   透明度好，有较强的韧性，能卷能折叠，一般用于底稿的结构绘制以及复制各衣片的软样用纸。

3. 硬纸

   硬纸选择的有：牛皮纸、鸡皮纸、白板纸，一般用于净样、点位样或齐码规格的纸样。

4. 笔

   底稿绘图一般用0.5mm自动铅笔，拷贝软样用几种色笔分别表示面布、里布、粘扑的位置或其他注明的部位。

5. 放码尺

   放码尺又叫格仔尺全透明，一边是英寸刻度，一边是厘米刻度，中间有V型或X型，是纸样设计的主要用尺，它能完成所有的线条。

6. 皮软尺

   皮软尺一面是60英寸刻度，一面是150cm刻度，两边有金属铁片。

7. 曲线尺

   曲线尺属辅助用尺一般用于袖笼弧线和前后　窝弧线，有英寸和厘米两种刻度。

8. 大刀尺

   纸样设计专用尺，一边有英寸刻度，一边有厘米刻度，用于作臀侧线、袖背弧线等。

9. 剪刀

   服装缝纫专用的剪刀，有多种规格，剪纸样和剪布料的要分开使用。

10. 胶纸座、透明胶

    透明胶用于纸样转移，修补纸样等。

11. 订书机

    订书机用于纸样装订，文件装订等。

12. 对位器

    对位器有0.15cm(1/16英寸)和0.3cm(1/8英寸)，用于纸样的对位剪口。

13. 坯布

    坯布用于各种服装的局部或整件服装的检验。

14. 齿轮

    齿轮用于坯布的纸样复制或纸样一张纸到另一张纸的转移。

15. 珠针

    珠针用于省道的折叠或其它在人台上的固定。

16. 锥子

    塑料柄的锥子，用于纸样上的省尖或衣片上的省尖打小孔。

第3节 纸样绘制符号和纸样生产符号

一、部位代号

在学习纸样设计时，做笔记时通常用缩小比例来制图，引进部位代号，主要是快速而简便。大部分的部位代号通常用英文单词的第一个字母（或首位字母的组合）来表示。如长度代号为"L"（length），胸围代号"B"（bust）。

长度：L（length）　　　　　　　　背长： LW
胸围：B(bust)　　　　　　　　　　胸宽：CH
胸围线：BL(bust line)　　　　　　胸高点：BP(bust point)
腰围：W(waist)　　　　　　　　　腰侧点： WP
腰围线：WL(waist line)　　　　　　中腰围： MH(middle hip)
臀围：H(hip)　　　　　　　　　　臀围线：HL(hip line)
中臀围线：MHL(middle hip line)　　臀侧点：HP
颈围：N(neck)　　　　　　　　　　颈侧点：SNP(side neck point)
颈围前中心点：FNP(front neck point)　颈围后中心点： BNP(bsck neck point)
肘线：EL(elbow line)　　　　　　　袖肘点：EP(elbow point)
膝线：KL(knee line)　　　　　　　肩宽：S(shoulder width)
肩端点：SP(shoulder point)　　　　肩省点：SD(shoulder cut)
袖笼弧线：AH(arm hole)　　　　　　头围尺寸：HS(head size)
后中心线：CB　　　　　　　　　　前中心线：CF

二、纸样绘制符号

在纸样绘制的过程中，倚用文字来表达和说明显的较繁琐，用纸样绘制符号表示就能形成统一化和规范化。

纸样绘制符号

名　称	符　号	说　明
粗实线	——————	表示纸样绘制后的完成线或轮廓线
细实线	———————	表示基础线或辅助线
虚　线	-----------	表示处在下层的完成线
等分线	⌒⌒⌒	表示两线段相等或等长
相　等	△ □ ○ ⊗	表示两尺寸同样大小
直　角	⌐	表示两条直线互相垂直成90
平　行	═══	表示两直线平行
合　并	⊖	表示两片纸样的合并
重　叠	⨅	表示两衣片或裙片有重叠
剪　切	✂	表示该线段要剪开

纸样绘制符号和纸样生产符号

三、纸样生产符号

工业化的纸样应该是标准化、规范化。充分掌握这些生产符号，将有助于指导生产，提高产品质量。

纸样生产符号

名　称	符　号	说　明
布纹符号	←——————→	表示纸样布纹线与经向直丝一致
倒顺符号	——————→	表示箭头所指为顺毛或图案的方向
省道符号	⋁	表示缝纫时按照此符号对折缝合
褶裥符号	⋈⫴⫴	表示某部位折叠的量
倒向符号	——————⌃	表示褶裥的倒向
缩缝符号	∼∼∼∼∼∼∼	表示该部位有溶位或可形成不规则的皱褶
对位符号	——⌐——	表示两片纸样的对位
明线符号	- - - - - - - -	表示衣片表面压明线
钮扣符号	⊕	表示此部位订钮扣的标记
钮眼符号	⊢——⊣	表示打钮眼的位置

第三章

裙装纸样

　　裙子在服装史上是最古老的服装品类之一，是妇女常用的服装。裙装不仅可以体现女性婀娜的身姿，其丰富多彩的裙长、裙摆及系列的装饰变化，淋漓尽致的表现了女性的仪态和风范，不仅如此，裙装的造型还起到了扬长避短的作用，已成为上班、休闲、运动、社交等各种场合不可缺少的基本女装。

第1节 裙子的辅助线与结构点说明

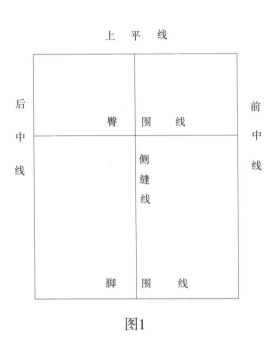

上 平 线

后中线

前中线

臀 围 线

侧缝线

脚 围 线

图1

图1
主要辅助线

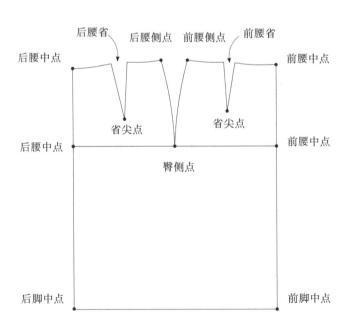

后腰省 后腰侧点 前腰侧点 前腰省

后腰中点 前腰中点

省尖点 省尖点

后腰中点 前腰中点

臀侧点

后脚中点 前脚中点

图2

图2
主要结构点

第2节　裙子基础纸样原理

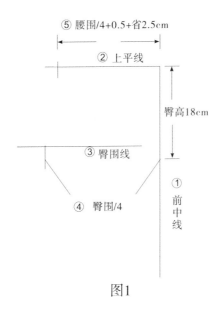

⑤ 腰围/4+0.5+省2.5cm

② 上平线

臀高18cm

③ 臀围线

④ 臀围/4

① 前中线

图1

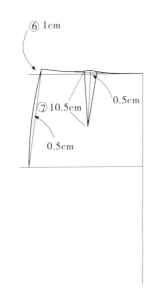

⑥ 1cm

⑦ 10.5cm

0.5cm

0.5cm

图2

提示：
　　根据服装公司市场定位提供的人台或理想人体，获取裙子基础纸样方法有两种。一种为立体取纸样（在人台或人体上取）再转化为平面纸样，另一种为平面绘制纸样，平面绘制的纸样要在人台或人体上检验其立体效果。

　　绘制基础纸样所需尺寸：
　　绘制基础纸样所需尺寸，参照国家标准"服装号型"160/66A
　　腰围　68cm　　臀　围　92cm
　　后中长　54（可变量）

说明：
　　一般情况下，基础裙子的腰线在自然腰围下方1cm处，因此：
　　1.基础裙子用裙子腰围尺寸。
　　2.腰口线在腰线以上的用自然腰围。
　　3.低腰裙在基础裙子上去掉一定的量。

　　前片：
　　图1
　　1.作一直线为前中线。
　　2.与前中线垂直为上平线。
　　3.前在上平线下量18cm垂直上平线作臀围线。
　　4.前中臀围线上量臀围/4(92÷4=23)作前臀宽。
　　5.前中上平线处量腰围/4+0.5+省量(68÷4+0.5+2.5=20)作前腰围大。

　　图2
　　6.前腰围大处垂直起翘1cm，曲线连接前臀侧点，曲线画出腰口线。
　　7.取腰口线的中点偏侧0.5cm，垂直腰口线作省中心线，并画出腰省，省长10.5cm，省宽2.5cm。

裙子基础纸样原理

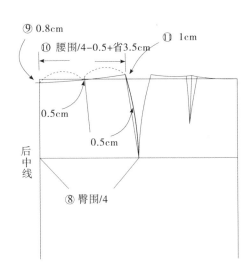

图3

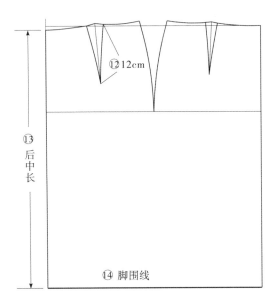

图4

后片：

图3

8. 延长臀围线、上平线，在臀围线上量臀围/4(92÷4=23)作后中线。

9. 后中上平线低落0.8cm为后中腰点。

10. 后中腰点量腰围/4-0.5+省量（68÷4-0.5+3.5=20)作后腰围大。

11. 后腰围大处垂直起翘1cm曲线连接臀侧点，连接画顺腰口线。

图4

12. 取腰口线的中点偏侧0.5cm为省中心线，并作出后腰省，省长12cm，省宽3.5cm。

13. 后中线、后中腰点处量后中长尺寸。

14. 垂直后中线作出脚围线。

裙子基础纸样原理——省道

　　省道是近似V型状，有了省的长度，折叠一端合并到另一端至尖角时便形成了省道，省道有实用性和装饰性之分。

　　下装实用性省道的形成是使平面的结构消除臀腰差的立体作用。有一些省道巧妙的设计或隐藏在分割线中,表面看不见省道的痕迹。如图1。

　　对于装饰性的省道，其主要功能已经消失主要起服装的装饰点缀作用，装饰省可以对设计思维产生很大的创作空间它可以出现在服装的任一位置。如图2。

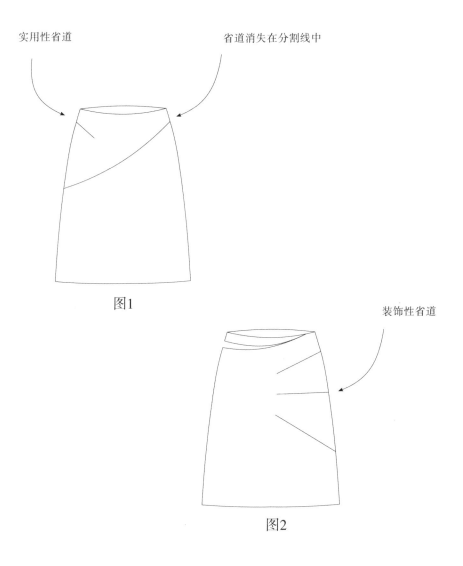

图1

图2

裙子基础纸样原理——腰省

图1

裙的腰省以对称的形式出现，以时代的流行或款式的变化来划分，一般为前2个后2个或前4个或后4个。如图1。

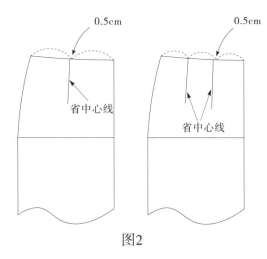

图2

在裙腰省的变化中，一个省也可以分成几个小省，也可以转换为折裥、半褶、褶裥或抽褶。如图2。

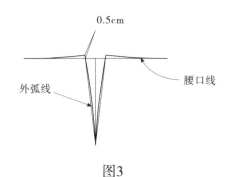

图3

重要提示：

人体腰以下的腰省处理成外弧线，腰省的具体画法见图3。

裙子基础纸样原理——腰口线

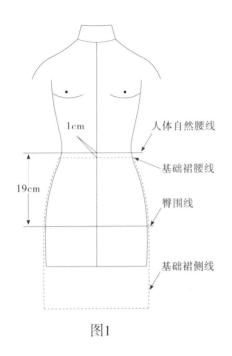

图1

裙腰的结构分为正腰,低腰和高腰，正常情况下，人们的着装是落在人体自然腰线下方1cm左右处。如图1。

因此，基础裙子用裙子腰围尺寸，腰头在腰线以上用自然腰围尺寸，低腰裙在基础裙腰上去掉一定的量，高腰裙或连腰类服装要加上这1cm差数。如图2，图3。

虚线为低腰任意取值

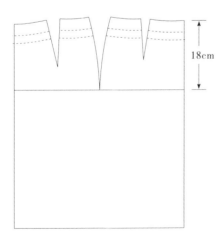

图2

虚线为高腰任意取值

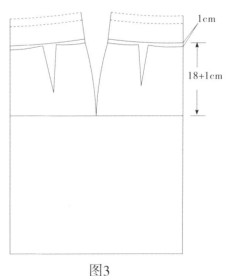

图3

裙子基础纸样原理——
裙侧线与底边起翘

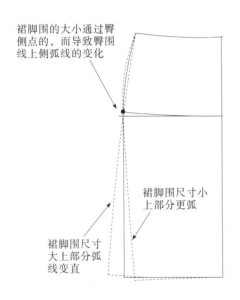

裙脚围的大小通过臀侧点的，而导致臀围线上侧弧线的变化

裙脚围尺寸小上部分更弧

裙脚围尺寸大上部分弧线变直

图1

影响裙侧线和底边起翘的主要因素是裙脚围的大小，裙侧缝线通过臀侧点转动，裙脚围尺寸越大，臀围上的侧弧线就变直，而导致侧缝底边起翘就高，裙脚围尺寸越小臀围线上的侧弧线弧度变大，而导致底边反向低落。如图1。

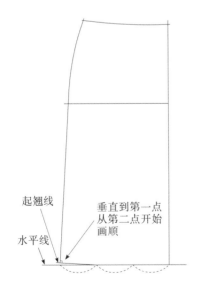

起翘线

水平线

垂直到第一点从第二点开始画顺

图2

我们知道两角相拼等于180° 才能形成一个平角，如两个角大于或小于90° 就会形成凸角或凹角，因此裙脚底边起翘的角度处理成90° 垂直。如图2。

裙子基础纸样原理——后中腰点

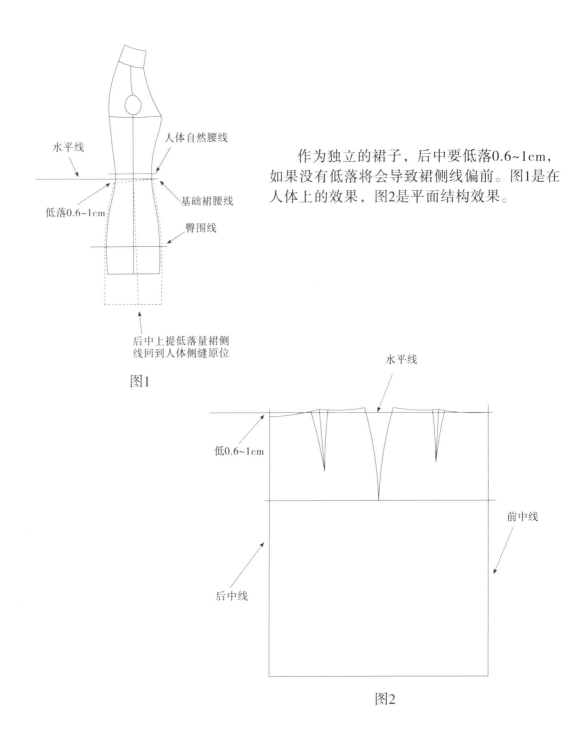

水平线

人体自然腰线

基础裙腰线

低落0.6~1cm

臀围线

后中上提低落量裙侧
线回到人体侧缝原位

图1

作为独立的裙子，后中要低落0.6~1cm，如果没有低落将会导致裙侧线偏前。图1是在人体上的效果，图2是平面结构效果。

水平线

低0.6~1cm

前中线

后中线

图2

第3节　裙子的腰头与腰贴

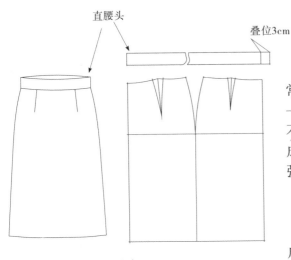

直腰头

叠位3cm

图1

　　裙子的腰头分为直腰头和弯腰头。正常腰线的裙子一般用直腰头，低腰的裙子一般用弯腰头，直腰头于人体有一些空隙不贴合人体，而弯腰头是在裙片上分割而成，所以低腰裙的弯腰头是紧贴人体的弯弧形。

　　裙子直腰头的宽度一般为2.5~4cm，完成为面布双层对折。如图1。

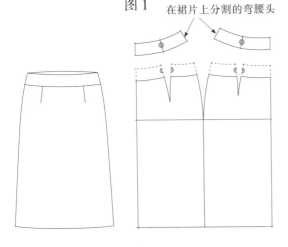

在裙片上分割的弯腰头

图2

　　裙子弯腰头的宽度一般为2~5cm，腰面和腰里都用面布做成。如图2。

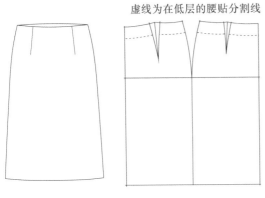

虚线为在低层的腰贴分割线

图3

　　腰贴和弯腰头的取法一样，是取自低层裙片分割的一部分，它与里布拼接，腰贴的宽度一般为3~5cm，腰贴用面布做成。如图3。

第4节　裙子纸样的缝份

缝份又称缝子或止口，即在净样上加放缝合的宽度称缝份。任何服装都是通过拼接，包压缝合而成，缝份应按不同的款式，制作工艺，材料和部位加出相应的宽度，以下例子是一般性指导。

外缝：如侧缝一般为1~1.3cm；
内缝：如腰口一般为1cm；
折边：宽度依造型和完成情况而定，一般为2~4cm。

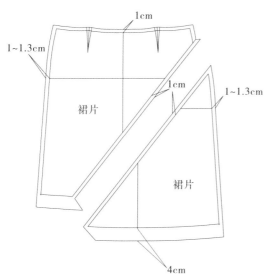

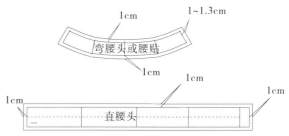

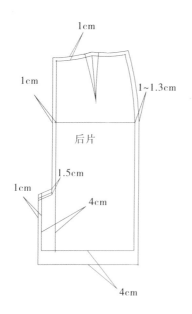

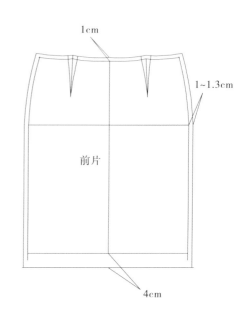

第5节　裙子的里布

里布是构成服装的重要组成部分稍有处理不慎就会导致成品服装起皱，起吊等弊病。

一般情况下，里布要大于面布，我们称里布大于面布的量，称为里布风琴。

褶位：里布的省处理成褶，保留省的形状，长度为2cm左右标出箭头，表示褶的倒向。如图1。

侧缝：侧缝的风琴为0.5cm。如图2。

底摆：裙子的里布底摆分为死里和飞里（活里）对于飞里一般其里布刚好盖住折边的打边线下0.6cm。如图3。

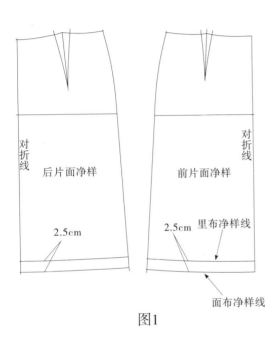

图1

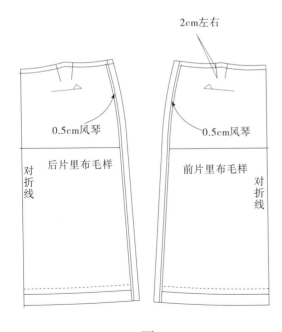

图2

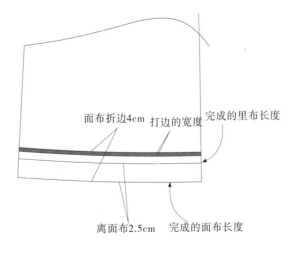

图3

第6节　裙子的布纹线

布纹线的确定直接影响服装的整体效果，要确定衣片布纹线的取向，应首先应确定其参照线。

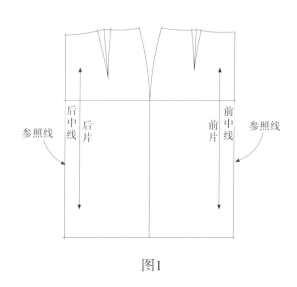

图1

图1　裙片

1. 裙片的布纹线以前后中心线为参照线。

2. 裙片一般取自布料的经向，只有考虑布料的图案或条纹的变化，才可能取自布料的纬向或45度斜向。

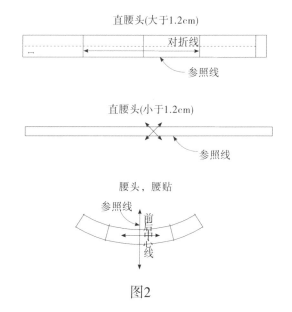

图2

图2　腰头和腰贴

1. 直腰头宽度大于1.2cm的一般取自布料的纬向。只有考虑布料的条纹，才可能取自布料的经向。

2. 直腰头宽度小于1.2cm的一般取自布料的斜向。

3. 弯腰头、弯腰贴以前后中心线为参照线，有取自布料的经向也可取自布料的纬向。

裙子的布纹线

图1 喇叭裙

1.喇叭裙片的布纹参照线以前后中心线或以对称轴为参照线。

2.喇叭裙片的布纹一般取自布料的45度斜向。

图2 三角插片

1.三角插片的布纹参照线以其中心对称轴为参照线。

2.三角插片的布纹线一般取自布料的45度斜向。

图3 荷叶边

1.荷叶边的布纹参照线无固定形式，它是以波浪的形成位置来决定。

2.荷叶边的布纹一般取自布料的45度斜向。

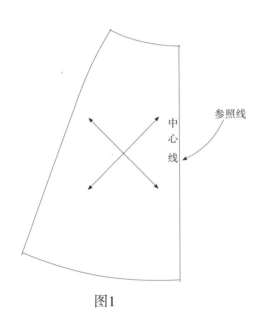

图1

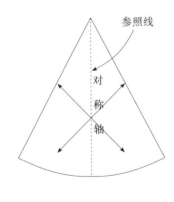

图2

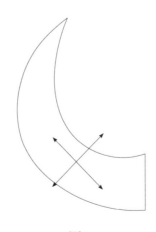

图3

第7节 裙子纸样——直筒裙

假设纸样设计尺寸：

160/66A

后中长　54cm

腰　围　68cm

臀　围　92cm

脚　围　102cm

图1为完全直身直筒裙

图2为微喇叭直筒裙

1. 拷贝基础纸样。

2. 量出脚围/4作出前后脚围宽。

3. 底边起翘画顺脚围线。

4. 平行腰口线4cm画出前后腰贴宽。

图1

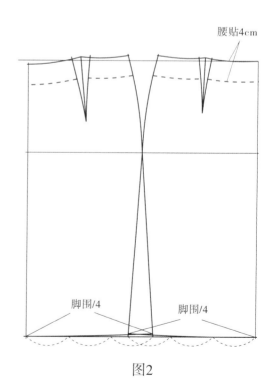

腰贴4cm

脚围/4　　　脚围/4

图2

裙子纸样——直筒裙

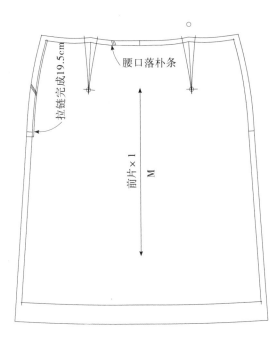

拉链完成19.5cm

腰口落朴条

前片×1
M

1.拷贝面布纸样，里布纸样，腰贴纸样，拉链朴纸样。

2.加出各片纸样的缝份，标出对位刀口，钻眼。

3.标注拉链位置，长度及其他标注。

重要提示：

装腰贴的腰口或低腰的腰中在缝制时要放一根与腰围等长的里布条，以免拉松腰口。

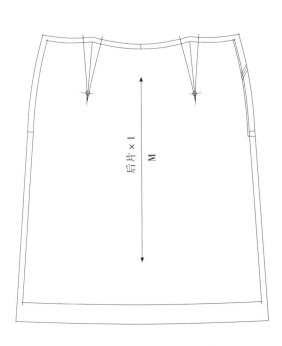

后片×1
M

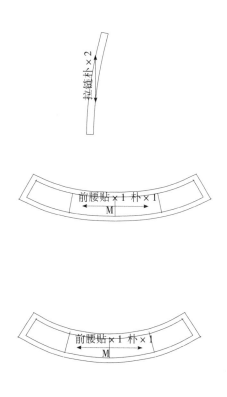

拉链朴×2

前腰贴×1 朴×1
M

前腰贴×1 朴×1
M

裙子纸样——直筒裙

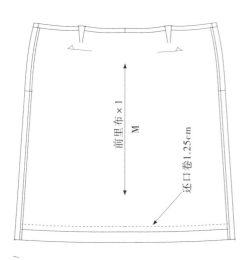

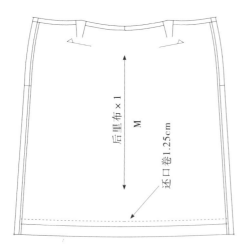

第8节　裙子纸样——
直筒裙（竖向分割）

假设纸样设计尺寸：

160/66A

后中长　54cm

腰　围　68cm

臀　围　92cm

脚　围　102cm

1.拷贝直筒裙基础纸样。

2.以省尖为基点，平行前后中心线画出分割线，调顺省尖成弧线。

3.平行腰口4cm画出腰贴宽。

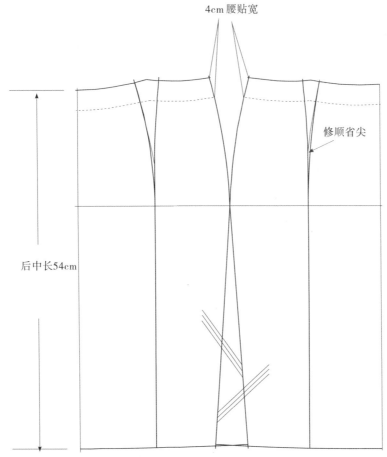

4cm腰贴宽

修顺省尖

后中长54cm

裙子纸样——直筒裙（竖向分割）

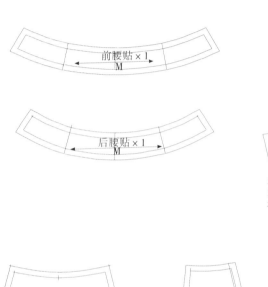

1. 拷贝面布纸样，里布纸样，腰贴纸样，拉链朴纸样。
2. 加出各片纸样的缝份，标出对位刀口，钻眼。
3. 标注拉链位置，长度及其他标注。

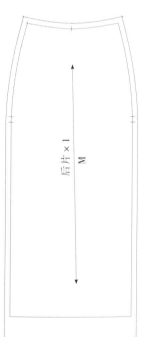

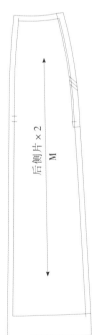

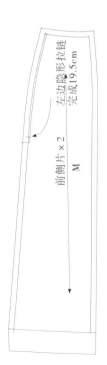

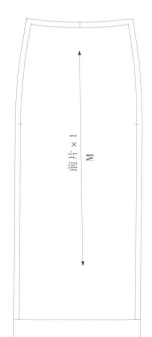

裙子纸样——直筒裙（竖向分割）

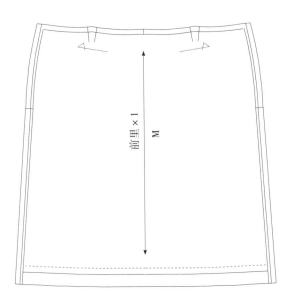

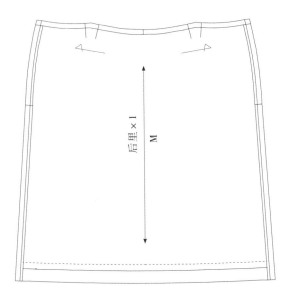

第9节　裙子纸样——直筒裙（刀褶）

假设纸样设计尺寸：

160/66A

后中长　51cm

腰　围　74cm

臀　围　92cm

脚　围　102cm

1. 拷贝直筒裙基础纸样。

2. 在基础纸样上腰口线平行低落3cm画出新的腰口线。

3. 以省尖为基点，平行前后中心线画出造型线，调顺省尖成弧线。

4. 平行腰口4cm画出腰贴宽。

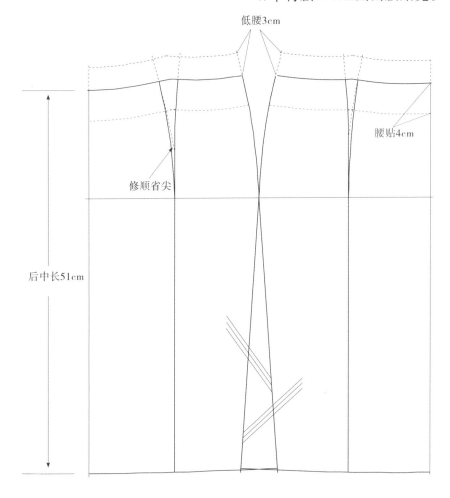

低腰3cm

腰贴4cm

修顺省尖

后中长51cm

裙子纸样——直筒裙（刀褶）

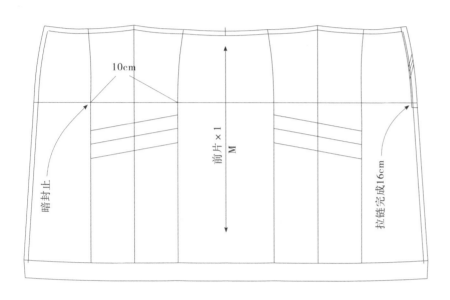

1.拷贝面布纸样,里布纸样，腰贴纸样，拉链朴纸样。

2.加出各片纸样的缝份，标出对位刀口，钻眼。

3.标注拉链位置，长度及其他标注。

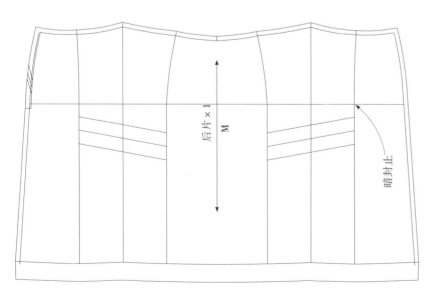

裙子纸样——直筒裙（刀褶）

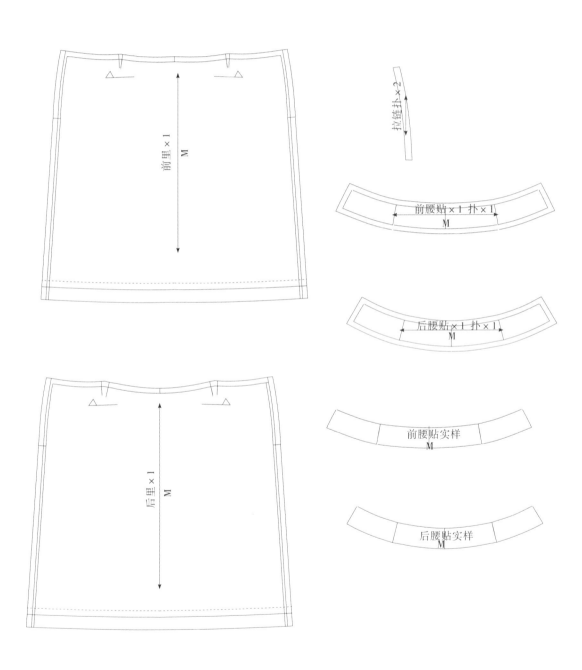

第10节　裙子纸样——
直筒裙（工字褶）

假设纸样设计尺寸：

160/66A

后中长　50cm

腰　围　76cm

臀　围　92cm

脚　围　102cm

1.拷贝直筒裙基础纸样。

2.在基础纸样上腰口线平行低落4cm画出新的腰口线。

3.平行腰口线4cm画出腰头的宽度。

4.以省尖为基点，平行前后中心线画出造型线，调顺省尖成弧线。

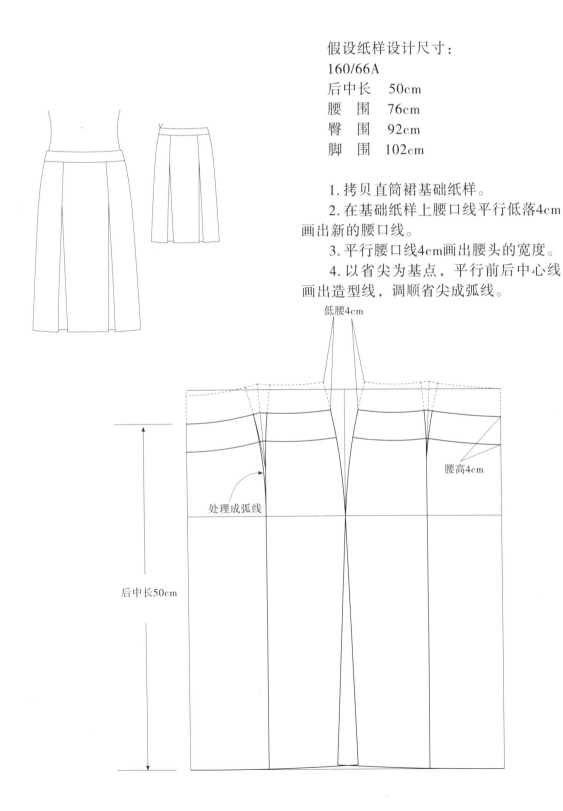

低腰4cm

腰高4cm

处理成弧线

后中长50cm

裙子纸样——直筒裙（工字褶）

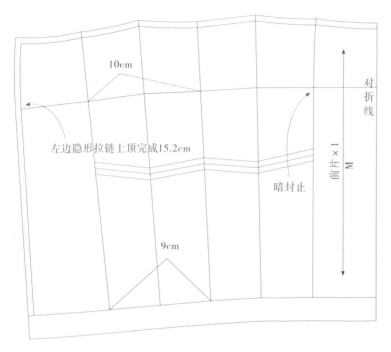

10cm

左边隐形拉链上顶完成15.2cm

暗封止

前片×1

M

对折线

9cm

1.拷贝面布纸样，里布纸样，腰头纸样，拉链朴纸样。

2.加出各片纸样的缝份，标出对位刀口，钻眼。

3.标注拉链位置，长度及其他标注。

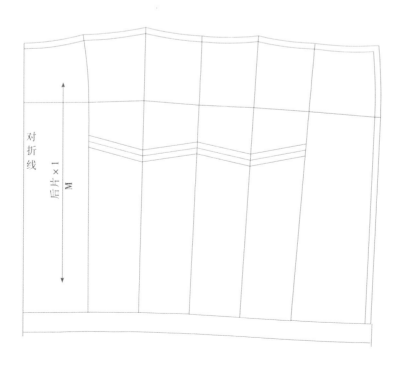

对折线

后片×1

M

裙子纸样——直筒裙（工字褶）

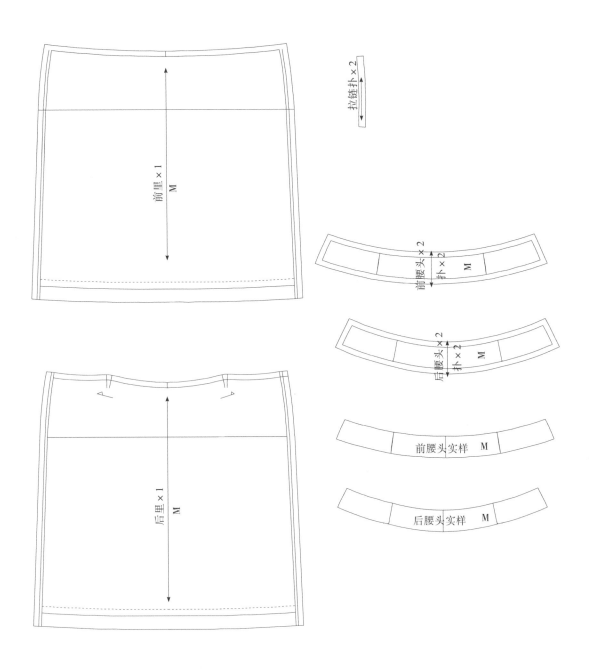

前里×1
M

后里×1
M

拉链扑×2

前腰头×2
扑×2
M

后腰头×2
扑×2
M

前腰头实样　M

后腰头实样　M

第11节　裙子纸样——
直筒裙（横向分割）

假设纸样设计尺寸：
160/66A
后中长　51cm
腰　围　78cm
臀　围　92cm
脚　围　102cm

1. 拷贝裙子基础纸样。
2. 基础纸样上，腰口线平行低落5cm画出新的腰口线。
3. 平行腰口线6cm画出前后分割线。
4. 侧缝处画出侧衩高和宽。

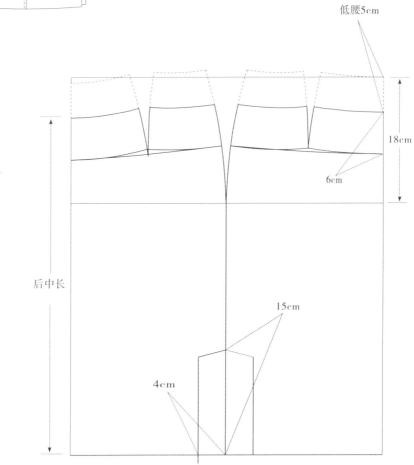

裙子纸样——直筒裙（横向分割）

1.拷贝面布纸样，腰头纸样。

2.展开里布衩位1cm的松量，并复制纸样。

3.加出各片纸样的缝份，标出布纹线和文字。

4.标注拉链位置，长度及其他标注。

重要提示：
　　装腰头的前后片要比腰头的长度短0.2cm左右，长出的量俗称溶位。

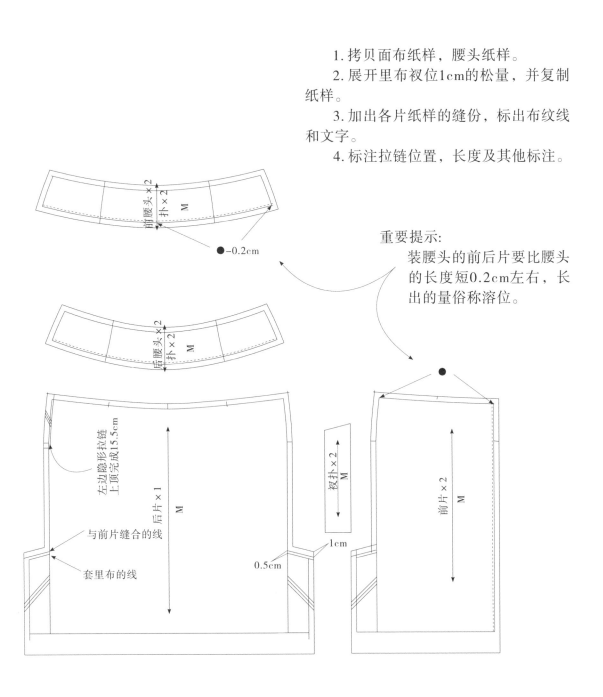

●−0.2cm

前腰头×2
扑×2
M

后腰头×2
扑×2
M

左边隐形拉链15.5cm
上顶完成

后片×1
M

与前片缝合的线

套里布的线

0.5cm

1cm

衩扑×2
M

前片×2
M

裙子纸样——直筒裙（横向分割）

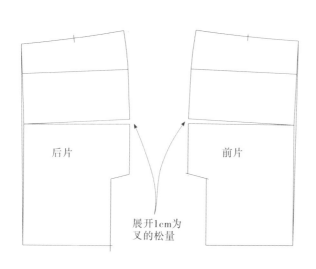

后片

前片

展开1cm为
叉的松量

重要提示：

里布衩位如果不展开加出松量,会导致面布衩位置起吊不平的弊病。此方法适和不同的衩位。

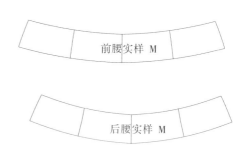

前腰实样 M

后腰实样 M

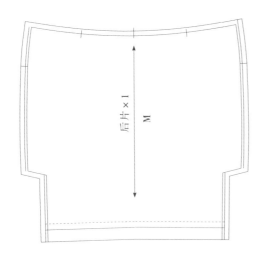

后片×1 M

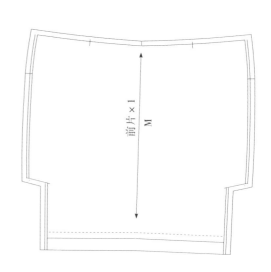

前片×1 M

第12节　裙子纸样——
直筒裙（斜向分割）

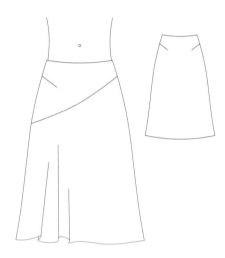

假设纸样设计尺寸：

160/66A

后中长　　50cm

腰　围　　76cm

臀　围　　92cm

脚　围　　102cm

1. 拷贝直筒裙基础纸样。

2. 在基础纸样上腰口线平行低落4cm画出新的腰口线。

3. 前后侧缝量4cm画出要转省的位置，并连接省尖点。

4. 平行新的腰口线4cm画出腰贴宽。

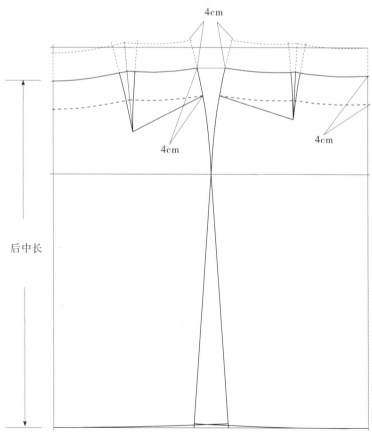

裙子纸样——直筒裙（斜向分割）

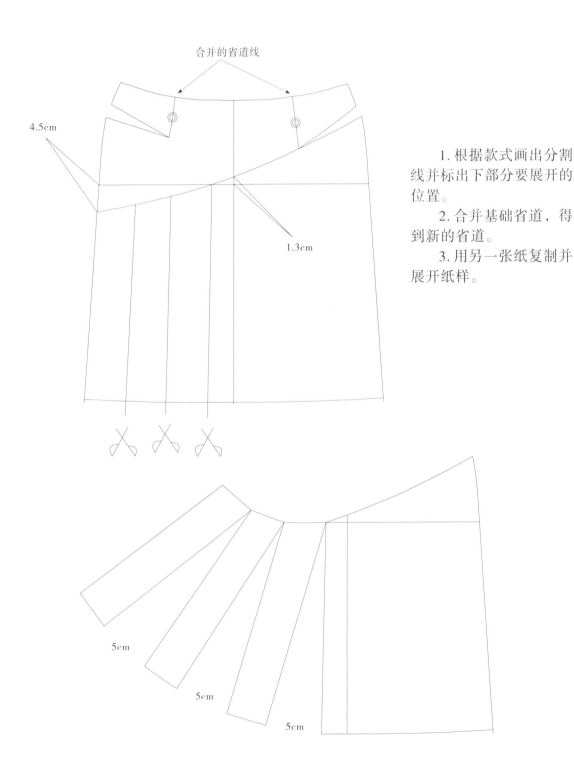

合并的省道线

4.5cm

1.3cm

5cm

5cm

5cm

1. 根据款式画出分割线并标出下部分要展开的位置。

2. 合并基础省道，得到新的省道。

3. 用另一张纸复制并展开纸样。

裙子纸样——直筒裙（斜向分割）

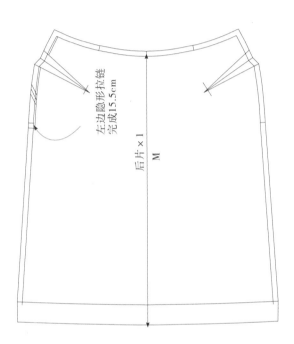

后片×1 M

左边隐形拉链
完成15.5cm

1. 拷贝面布纸样，腰头纸样。

2. 展开里布叉位1cm的松量，并复制纸样。

3. 加出各片纸样的缝份，标出布纹线和文字。

4. 标注拉链位置，长度及其他标注。

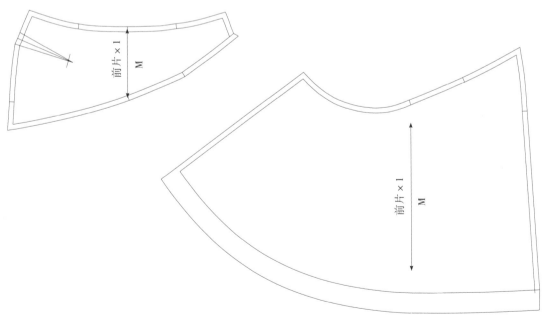

前片×1 M

前片×1 M

裙子纸样——直筒裙（斜向分割）

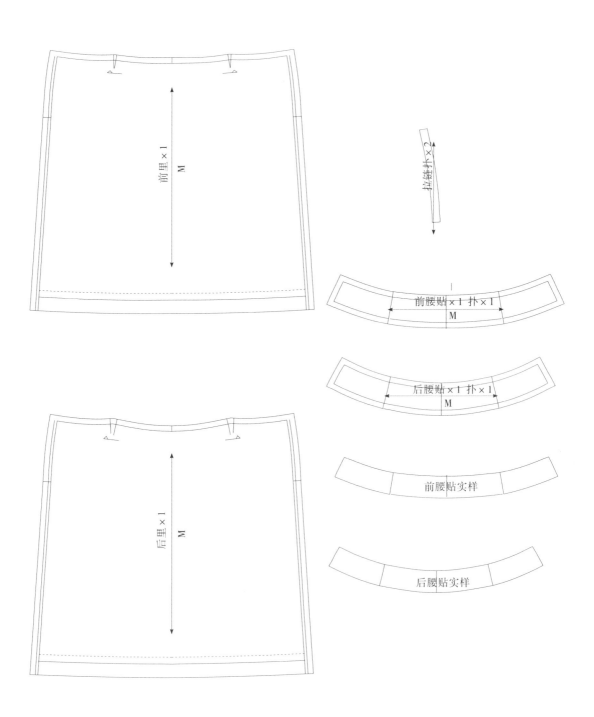

前里×1 M

拉链宽×2

前腰贴×1 扑×1 M

后腰贴×1 扑×1 M

前腰贴实样

后里×1 M

后腰贴实样

第13节　裙子纸样——四片喇叭裙

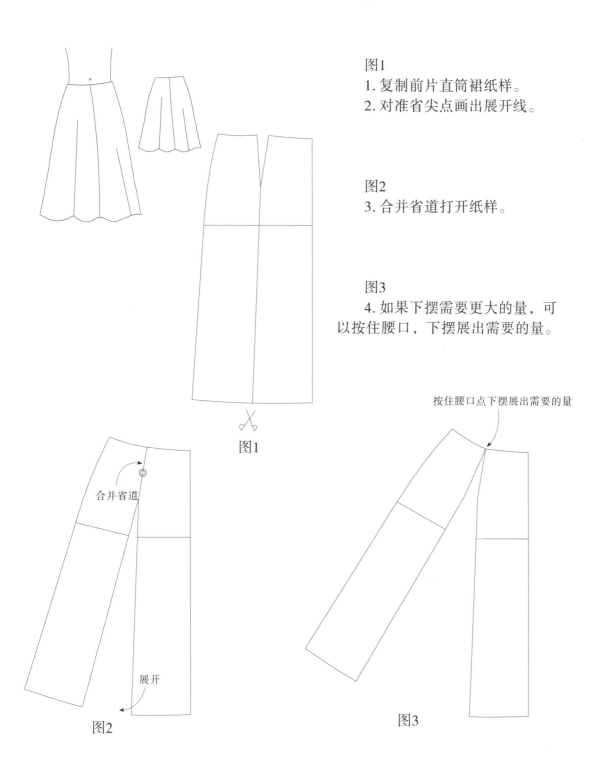

图1
1.复制前片直筒裙纸样。
2.对准省尖点画出展开线。

图2
3.合并省道打开纸样。

图3
4.如果下摆需要更大的量，可以按住腰口，下摆展出需要的量。

按住腰口点下摆展出需要的量

合并省道

展开

图1

图2

图3

裙子纸样——四片喇叭裙

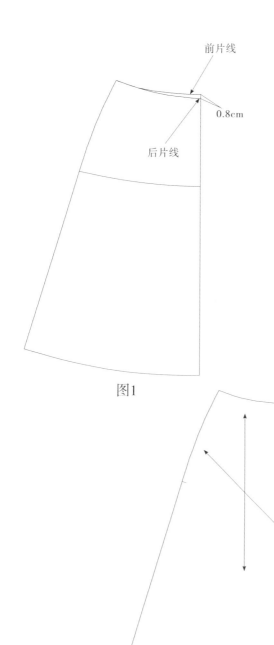

图1

前片线

0.8cm

后片线

图2

图1
1.用另一张纸复制前片纸样，低落0.8cm为后片线。

图2
2.喇叭裙的布纹线可用经向也可以用45°斜向，用45°斜向的布纹下摆的波浪会自然些。
3.腰贴可参考裙子原理——腰头腰贴一节。

第14节　裙子纸样——八片喇叭裙

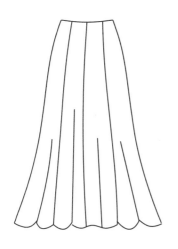

假设纸样设计尺寸:

160/66A

后中长	54cm
腰 围	68cm
臀 围	92cm
脚 围	208cm

1.用一张纸复制基础纸样。
2.平均分配前后臀围的宽度。
3.调整前后腰省,并画顺。
4.计算脚围的尺寸,加出摆量。

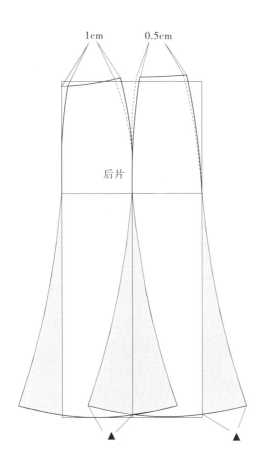

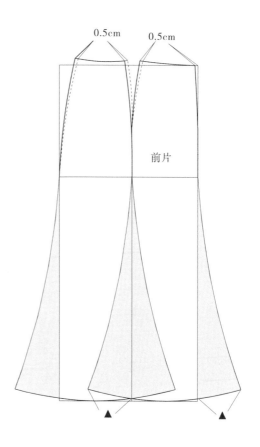

裙子纸样——八片喇叭裙

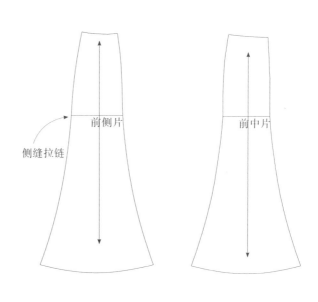

前侧片

侧缝拉链

前中片

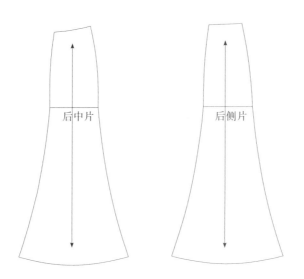

后中片

后侧片

第15节 裙子纸样——
百褶裙（完全直身）

假设纸样设计尺寸：

160/66A

后中长　54cm

腰　围　68cm

臀　围　92cm

1.用一张纸按照尺寸画出前后片纸样，腰有纸样。

2.根据臀围尺寸平均分配褶的大小。

3.把腰省平均分配到褶线里。

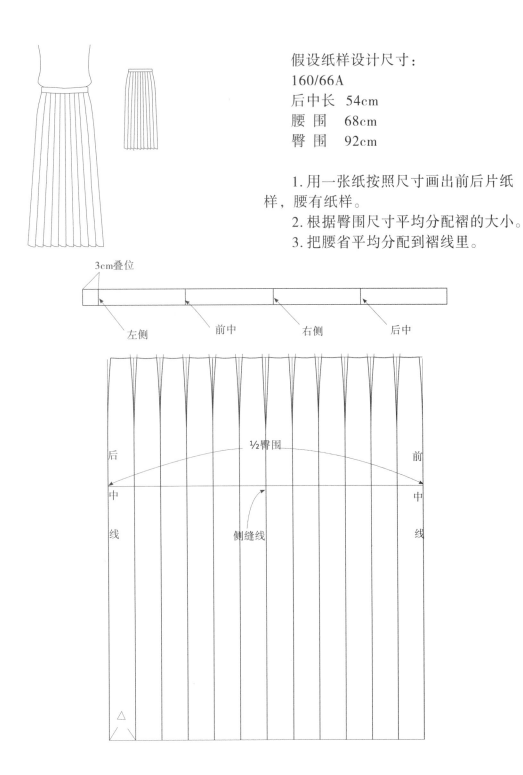

裙子纸样——百褶裙（完全直身）

复制展开前后片纸样，并画顺腰口线。

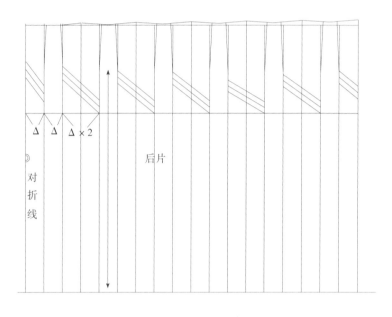

△　△　△×2

对折线

后片

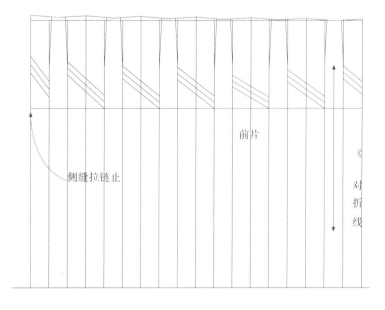

侧缝拉链止

前片

对折线

第16节 裙子纸样——百褶裙（A型）

假设纸样设计尺寸：

160/66A

后中长 54cm

腰 围 68cm

臀 围 92cm

脚 围 103.5cm

1.用一张纸按照尺寸画出前后片纸样，腰头纸样。

2.根据臀围尺寸、脚围尺寸平均分配褶的大小。

3.把腰省平均分配到褶线里。

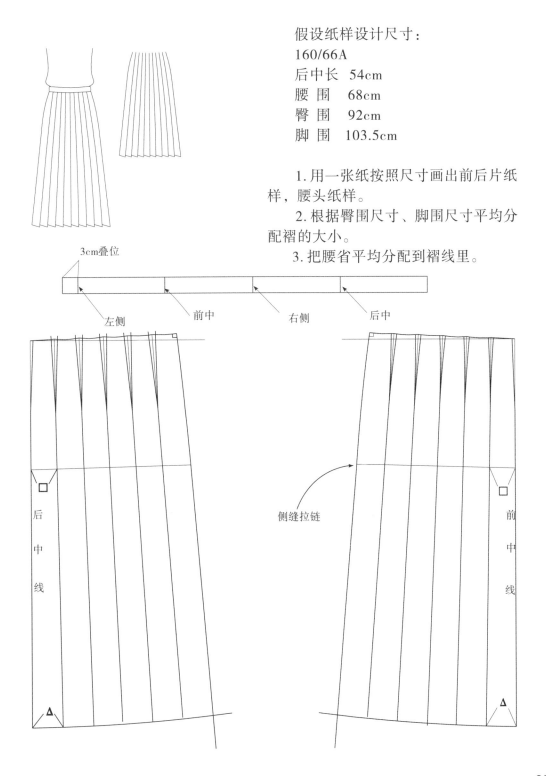

裙子纸样——百褶裙（A型）

复制展开前后片纸样，并画顺腰口线。

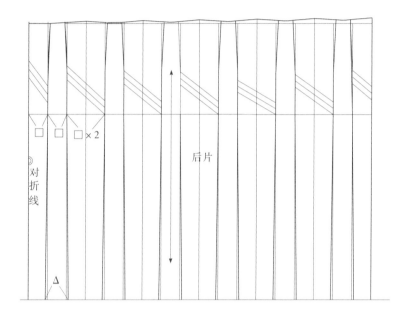

后片

□ □ □×2

◎ 对折线

△

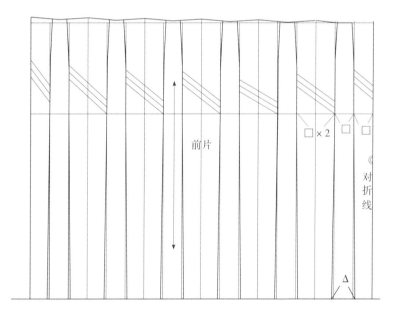

前片

□×2 □ □

◎ 对折线

△

第17节　裙子纸样——圆裙（整圆）

圆裙有整圆、半圆、1/4圆等款式，作圆必须知道圆的半径，把腰围理解成圆的周长，求圆的半径。

应用的公式为r=w/2π，R表示圆的半径，w表示腰围，π=3.14。

例如：腰围　67cm

　　　　R=67/2π

　　　　R=67/6.28

　　　　R=10.7cm

1. 以半径10.7cm作圆。
2. 量裙长-腰高(3cm)作圆画出裙脚线。
3. 按腰围尺寸加叠位画出腰头。

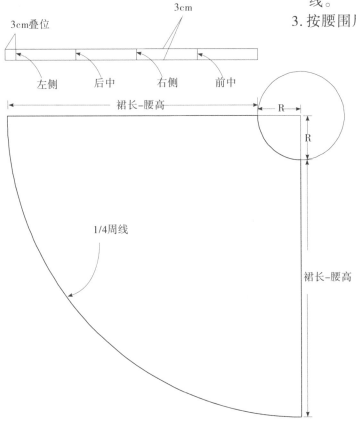

裙子纸样——圆裙（整圆）

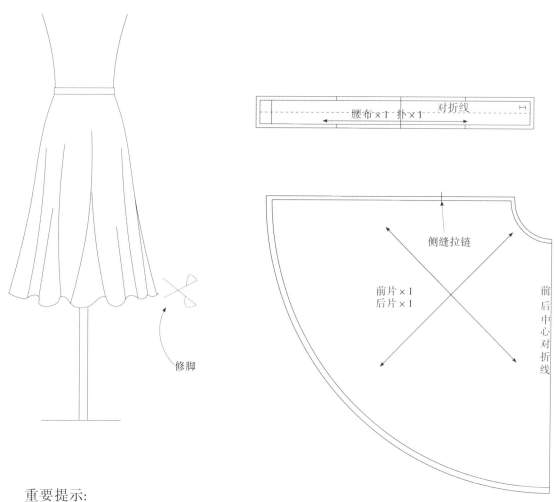

腰布×1 扑×1   对折线

侧缝拉链

前片×1
后片×1

前后中心对折线

修脚

重要提示：

　　圆裙是以45°角为布纹线，很容易拉伸或吊长
而导致成品裙脚的不圆顺，因此斜纹裙的裙脚要穿
在人台上修顺裙脚，使其圆顺。

第18节　裙子纸样——圆裙（半圆）

假设尺寸：

腰围　67cm

半圆为2倍半径，计算的公式为

$R=67/6.28 \times 2$

$R=21.34cm$

腰头参考整圆裙。

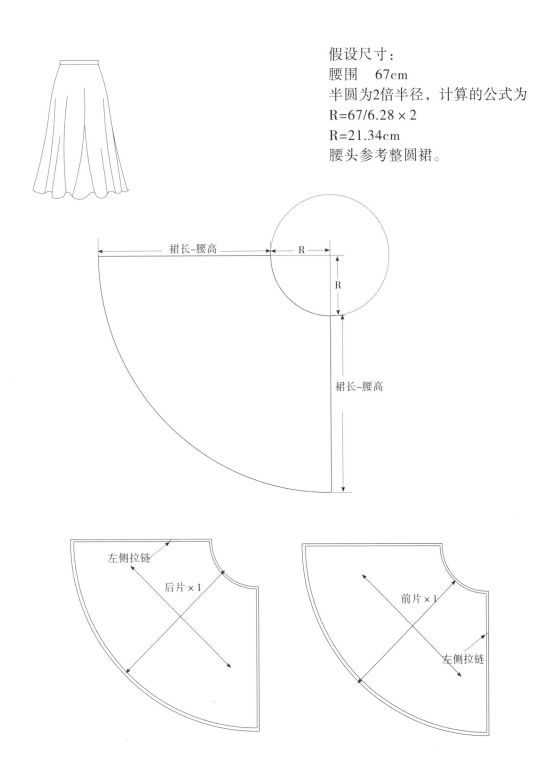

裙长-腰高

R

R

裙长-腰高

左侧拉链

后片×1

前片×1

左侧拉链

第19节　裙子纸样——搭裙

假设纸样设计尺寸：

160/66A

后中长　　　56cm

腰　围　　　74cm

臀　围　　　92cm

脚　围(基)　105.5cm

款式分析：

　　低腰搭裙,前上片3个钮，分割线下2个褶，底片右边有暗扣，后片作分割处理。

1.拷贝直筒裙纸样。

2.截取4cm作出低腰腰口线。

3.量出后中长尺寸作出脚围线，连线作出前后脚围宽。

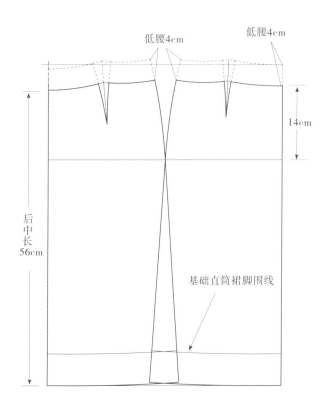

低腰4cm　　　低腰4cm

14cm

后中长56cm

基础直筒裙脚围线

裙子纸样——搭裙

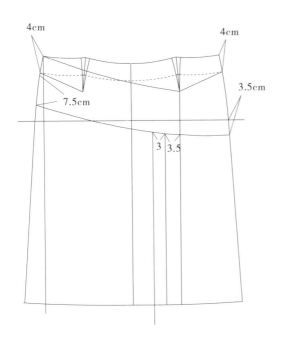

4. 复制打开前片，画出转省位置，分割线及工字褶展开线，腰贴宽线（虚线）。

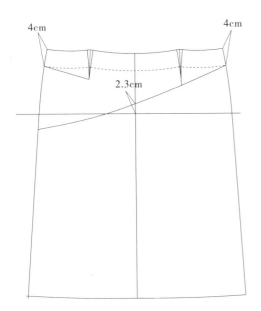

5. 复制打开后片，画出移省位置及分割线,腰贴宽线（虚线）。

裙子纸样——搭裙

复制面布纸样并加出缝份，标出布纹线及文字。

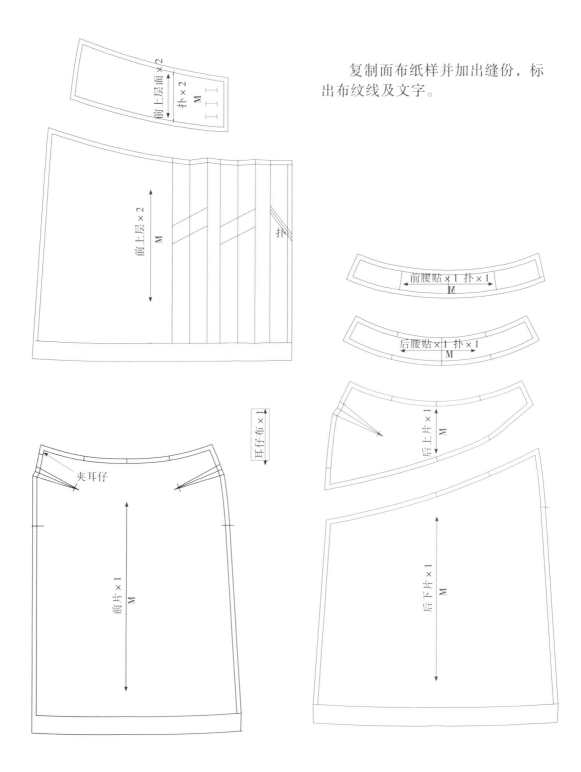

前上层面×2

扑×2
M

前上层×2
M

扑

前腰贴×1 扑×1
M

后腰贴×1 扑×1
M

耳仔布×1

后上片×1
M

夹耳仔

前片×1
M

后下片×1
M

裙子纸样——搭裙

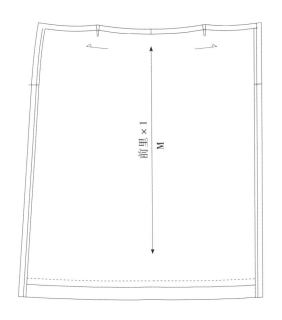

1. 复制里布纸样，门襟扑纸样，并加出缝份，标出布纹线及文字。
2. 做出前后腰贴实样。

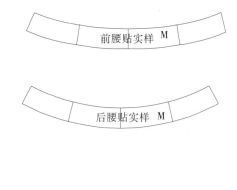

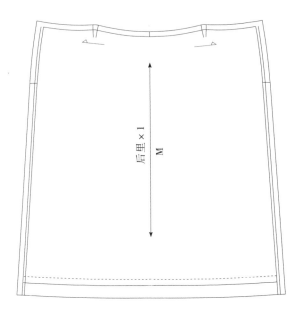

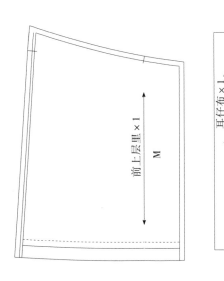

第20节　裙子纸样——斜裁八片裙

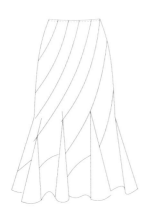

假设纸样设计尺寸：

160/66A

后中长　72cm

腰　围　68cm

臀　围　92cm

款式分析：

　　八片斜裁裙，基础腰位落内捆条压明线0.6cm，无里布，下脚挑脚2cm，左侧隐型拉链。

图1

1. 按尺寸画出前后全片，平均画出分割线。

图2

2. 在分割线上画出省道，这些省道要在人台上观察才能决定大小。

3. 画出要合并的插片。

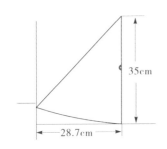

图2

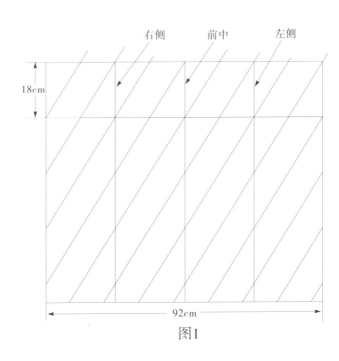

图1

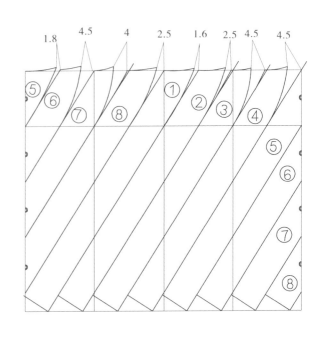

裙子纸样——斜裁八片裙

1.复制合并裙片纸样，腰捆条纸样。
2.标出布纹线，文字及刀口。

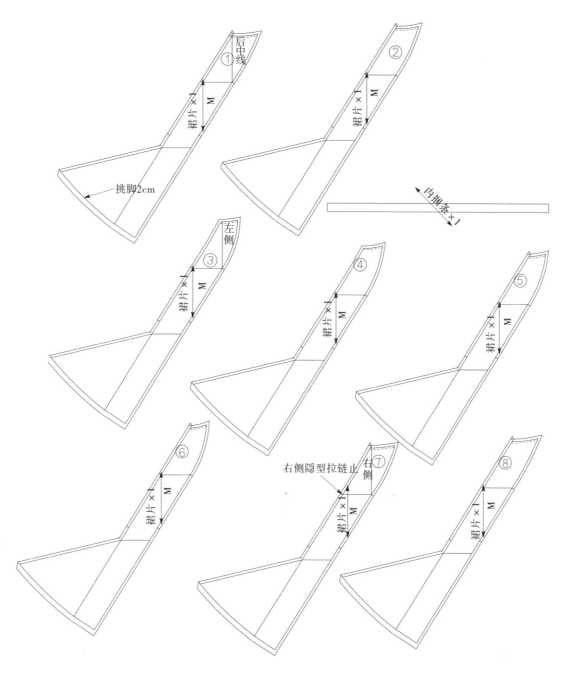

第四章

裙子工业纸样的应用

工业纸样是工业化生产时，排料、裁剪、点位、扣烫、画样等用的生产标准，一套完整标准的工业纸样，必须包括面布纸样、里布纸样、衬（朴）布纸样、零部件纸样，且注明衣片之间的相互组合关系和缝合部位，如对刀眼、辑线的起止、褶裥的倒向等等。

一般批量生产的服装，纸样都具备有大、中、小几档不同的规格，有的甚至多达八九档规格，但在批量生产之前，先做一个基础码纸样。根据公司的生产定位或设计师的风格习惯有的做中码、有的做小码、也有的做大码，基础码纸样做成的样衣，经过审核确认。然后以基础码为基础，推档（放缩）出系列纸样。

第1节 工业纸样的应用—— 纸样的损耗加放与说明

工业纸样在生产过程中，衣片经过缝纫、熨烫等一系列的工艺操作，完成的成品尺寸往往与纸样尺寸有所不同，因此在纸样设计中要加减一定的损耗尺寸，从而达到服装设计时确定的标准尺寸，我们称加减的尺寸为纸样损耗尺寸。

上　　装

后 中 长	+0~1.2cm
肩　　宽	+0~0.6cm
胸　　围	+0~1.2cm
腰　　围	-0.6~1.2cm
臀　　围	+0.6~1.2cm
脚　　围	+0.6~1.2cm
袖　　长	+0.3~1cm
袖　　肥	+0.3~1cm
袖　　口	+0~1cm

下　　装

外 侧 长	+0.6~1.2cm
内　　长	+0.6~1.2cm
腰　　围	+0~1cm
臀　　围	+0.6~1.2cm
脾　　围	+0.6~1.2cm
膝　　围	+0.3~0.6cm
脚　　围	+0.3~0.6cm
前　　浪	-0~0.6cm
后　　浪	+0.6~1cm

工业纸样的应用——
纸样的损耗加放与说明

本书应用实例的说明：

1. 每一个服装公司的基础纸样都有所不同，这是由其市场定位所决定的。本书提供的基础纸样，应用实例的工业纸样并不能适用所有的服装公司，只供读者参考。
2. 所有的应用实例，均是按实际的比例绘制。
3. 所有的应用实例，根据作者的习惯凡是用粘合衬的地方全部写成扑。

第2节 工业纸样的应用——低腰A裙

样衣制作办单

品牌：		季节：		日期：	

款号：Cc0912	系列组：		款式图和设计说明：

设计师：李跃香

纸样师：刘成军

车板师：

<table>
<tr><th colspan="4">规格</th></tr>
<tr><th>部位（度法）</th><th>设计
尺寸</th><th>纸样
尺寸</th><th>成衣
尺寸</th></tr>
<tr><td>外长</td><td>62</td><td>63</td><td></td></tr>
<tr><td>内长</td><td></td><td></td><td></td></tr>
<tr><td>腰头高</td><td>9</td><td>9</td><td></td></tr>
<tr><td>腰围（放松度）</td><td>70</td><td>70</td><td></td></tr>
<tr><td>腰围（拉开度）</td><td></td><td></td><td></td></tr>
<tr><td>坐围</td><td>92</td><td>92.5</td><td></td></tr>
<tr><td>上坐围</td><td></td><td></td><td></td></tr>
<tr><td>下坐围</td><td></td><td></td><td></td></tr>
<tr><td>前浪（连腰）</td><td></td><td></td><td></td></tr>
<tr><td>后浪（连腰）</td><td></td><td></td><td></td></tr>
<tr><td>脾围</td><td></td><td></td><td></td></tr>
<tr><td>膝围</td><td></td><td></td><td></td></tr>
<tr><td>脚围</td><td>106</td><td>106.5</td><td></td></tr>
<tr><td>成衣开口</td><td></td><td></td><td></td></tr>
<tr><td>叉长</td><td></td><td></td><td></td></tr>
<tr><td>腰带(长×宽)</td><td></td><td></td><td></td></tr>
<tr><td>袋盖(高×宽)</td><td></td><td></td><td></td></tr>
<tr><td>袋(高×宽)</td><td></td><td></td><td></td></tr>
</table>

款式图和设计说明：

前侧左边有唇袋横跨后幅7.5cm，
但袋口只开前片，后片封死。

低腰2cm   7.5cm宽封死   9cm

工艺要求：

面料样板：		用量	
	面料	里料	配料

缩水率： 经纱： %   纬纱： %

备注：   复核：

工业纸样的应用——低腰A裙

款式分析：
1. 腰低2cm。
2. 前片双唇袋宽1cm到前侧缝，后片双唇假袋宽1cm封死。
3. 后中隐形拉链。

*虚线为腰贴线和袋布线

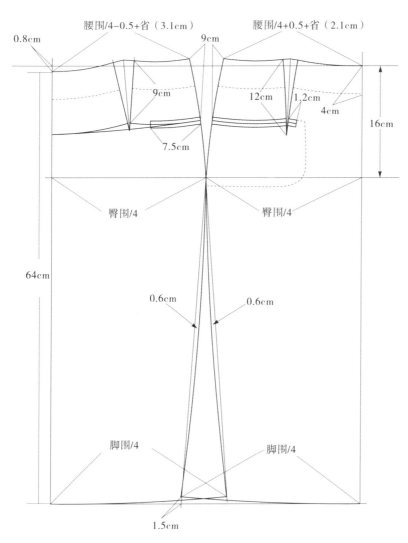

腰围/4-0.5+省（3.1cm）　腰围/4+0.5+省（2.1cm）

0.8cm

9cm

9cm

12cm　1.2cm

4cm

16cm

7.5cm

臀围/4　　臀围/4

64cm

0.6cm　　0.6cm

脚围/4　　脚围/4

1.5cm

工业纸样的应用——低腰A裙

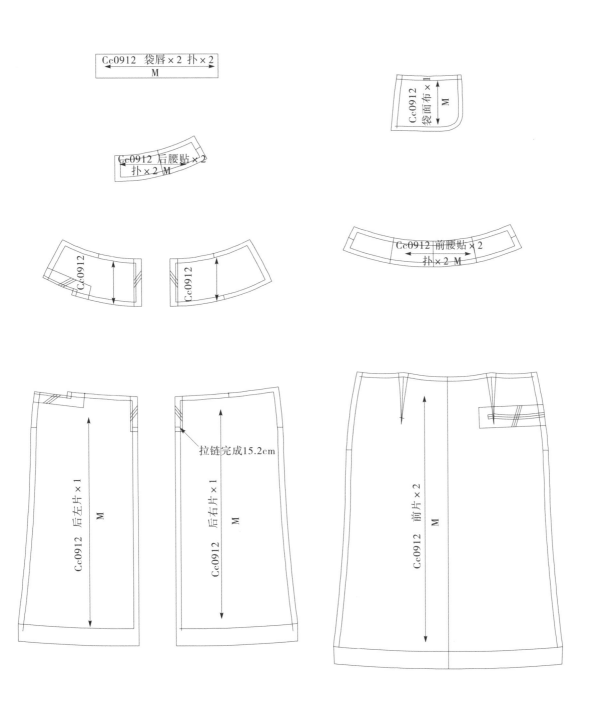

Cc0912 袋唇×2 扑×2
M

Cc0912 袋面布×1 M

Cc0912 后腰贴×2 扑×2 M

Cc0912

Cc0912

Cc0912 前腰贴×2 扑×2 M

Cc0912 后左片×1 M

拉链完成15.2cm

Cc0912 后右片×1 M

Cc0912 前片×2 M

工业纸样的应用——低腰A裙

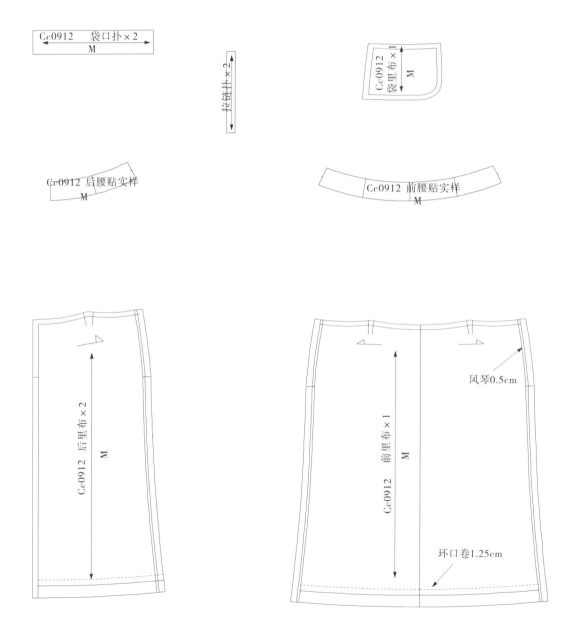

Cc0912　袋口扑×2
M

拉链扑×2

Cc0912
袋里布×1
M

Cc0912 后腰贴实样
M

Cc0912 前腰贴实样
M

Cc0912　后里布×2
M

Cc0912　前里布×1
M

风琴0.5cm

环口卷1.25cm

样衣制作办单

品牌：　　　　　　　季节：　　　　　　　日期：

款号：Fw1089		系列组：		款式图和设计说明：
设计师：李跃香				
纸样师：刘成军				
车板师：				
规格				
部位（度法）	设计尺寸	纸样尺寸	成衣尺寸	
外长	74	74.5		
内长				
腰头高				
腰围（放松度）	68	68		
腰围（拉开度）				
坐围	92	92.5		
上坐围				
下坐围				
前浪（连腰）				
后浪（连腰）				
脾围				
膝围				
脚围（平度）	117	117.5		
成衣开口				
叉长				工艺要求：
腰带(长×宽)				
袋盖(高×宽)				
袋(高×宽)				

展开多点布

面料样板：

用量		
面料	里料	配料

缩水率：　经纱：　　%　　纬纱：　　　%

备注：　　　　　　　　　　　　　复核：

工业纸样的应用——前分割长裙

款式分析：
1. 正常腰位。
2. 前片分割线，下脚放摆。
3. 左边隐形拉链。

*虚线为腰贴线。

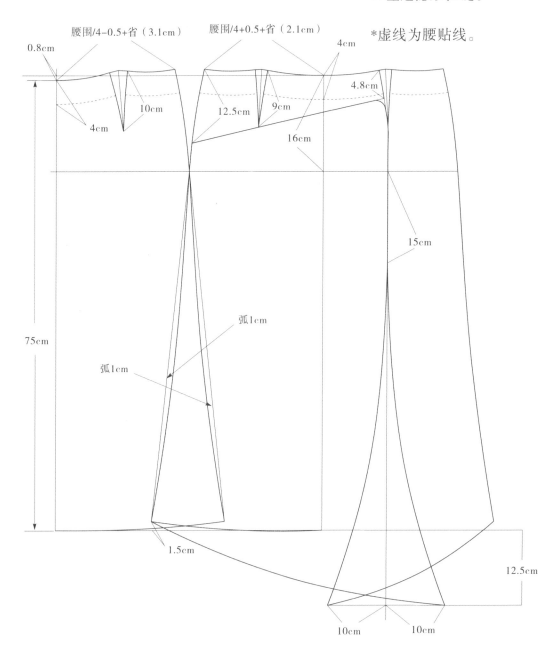

腰围/4-0.5+省（3.1cm）

腰围/4+0.5+省（2.1cm）

0.8cm

4cm

4.8cm

10cm

4cm

12.5cm

9cm

16cm

15cm

75cm

弧1cm

弧1cm

1.5cm

12.5cm

10cm

10cm

工业纸样的应用——前分割长裙

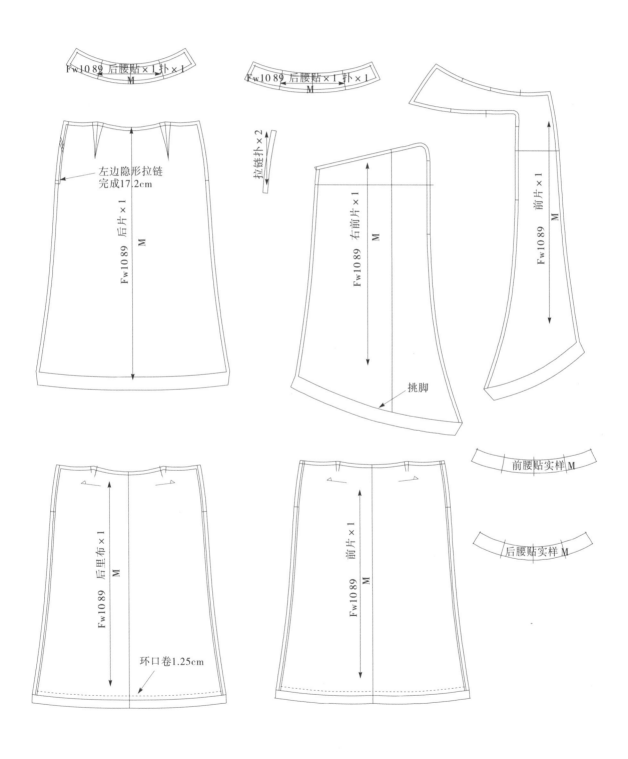

Fw1082 后腰贴×1 扑×1 M

Fw1089 后腰贴×1 扑×1 M

拉链扑×2

Fw1089 后片×1 M

左边隐形拉链
完成17.2cm

Fw1089 右前片×1 M

挑脚

Fw1089 前片×1 M

Fw1089 后里布×1 M

环口卷1.25cm

Fw1089 前片×1 M

前腰贴实样 M

后腰贴实样 M

第4节　工业纸样的应用——牛仔裙

样衣制作办单

品牌：　　　　　　　　　季节：　　　　　　　　　日期：

款号：Fw1098	系列组：

设计师：李跃香

纸样师：张明君

车板师：

规格

部位（度法）	设计尺寸	纸样尺寸	成衣尺寸
外长	40	40.5	
内长			
腰头高	9	9	
腰围（放松度）	76	76	
腰围（拉开度）			
坐围	92	92.5	
上坐围			
下坐围			
前浪（连腰）			
后浪（连腰）			
脾围			
膝围			
脚围	98	98.5	
成衣开口			
叉长			
腰带(长×宽)			
袋盖(高×宽)			
袋(高×宽)			

款式图和设计说明：

低腰4cm

0.6cm撞色明线

底落贴可翻起

2.5cm撞色双线

工艺要求：

面料样板：	用量		
	面料	里料	配料

缩水率：　经纱：　　%　　纬纱：　　　%

备注：　　　　　　　　　　　复核：

工业纸样的应用——牛仔裙

款式分析：
1.腰低4cm，腰头高4cm。
2.前片插袋，中间分割落贴。
3.后片有机头和贴袋。

*虚线为门襟宽线、腰贴线和袋布线

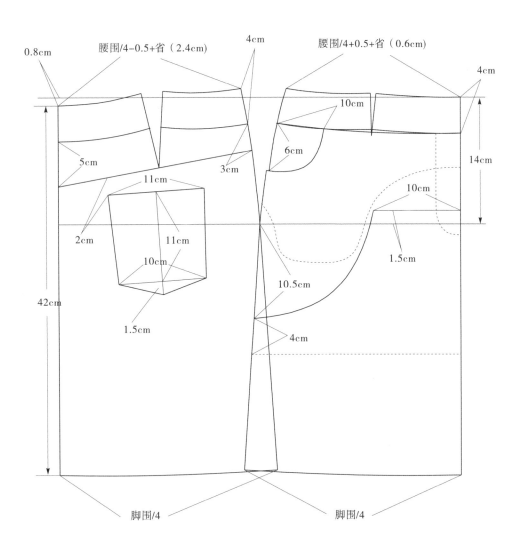

工业纸样的应用——牛仔裙

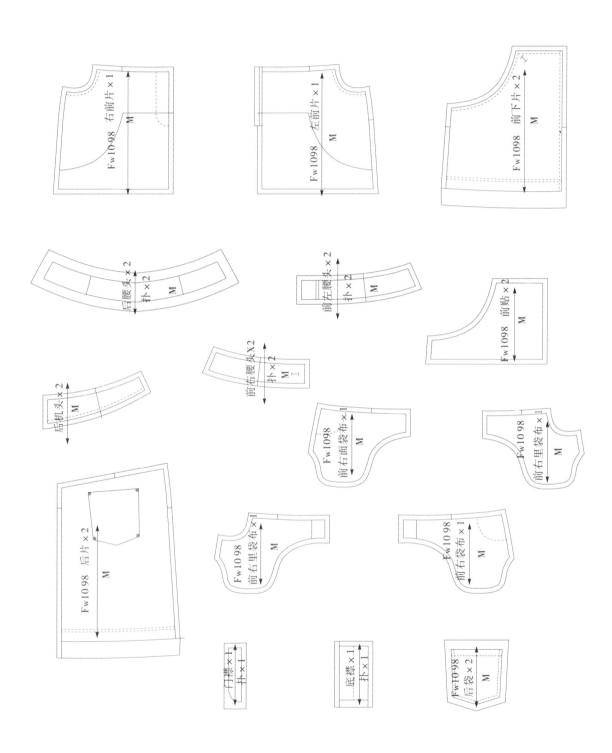

第5节　工业纸样的应用——低腰时装裙

样衣制作办单

品牌：　　　　　　季节：　　　　　　日期：

款号：Fw1093	系列组：		
设计师：李跃香			
纸样师：张明君			
车板师：			
规格			
部位（度法）	设计尺寸	纸样尺寸	成衣尺寸
外长	47	47.3	
内长			
腰头高	6	6	
腰围（放松度）	74	74	
腰围（拉开度）			
坐围	92	92.5	
上坐围			
下坐围			
前浪（连腰）			
后浪（连腰）			
脾围			
膝围			
脚围	102	102.5	
成衣开口			
叉长			
腰带(长×宽)			
袋盖(高×宽)			
袋(高×宽)			

款式图和设计说明：
　　侧骨开襟落贴打钮门，侧袋横跨到后幅，
　　两头打枣固定，前幅左右各两个顺风褶。

6cm

低腰5cm

打枣固定

工艺要求：

面料样板：	用量		
	面料	里料	配料

缩水率：　经纱：　　%　　纬纱：　　　%

备注：　　　　　　　　　　　复核：

工业纸样的应用——低腰时装裙

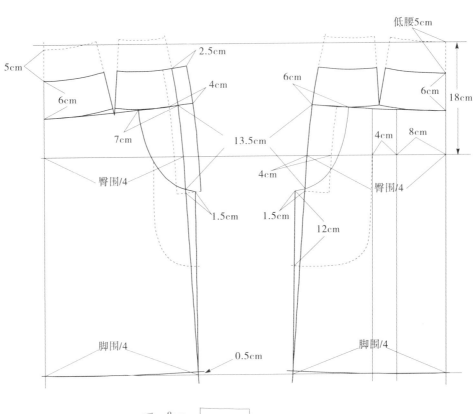

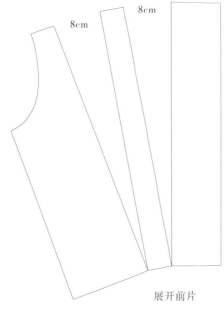

展开前片

工业纸样的应用——低腰时装裙

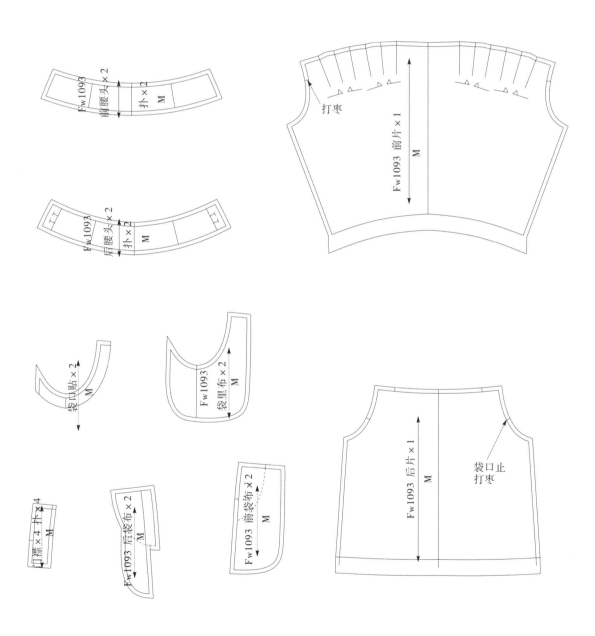

工业纸样的应用——低腰时装裙

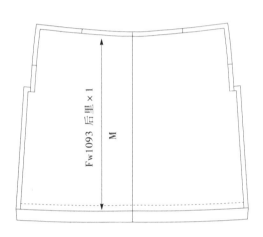

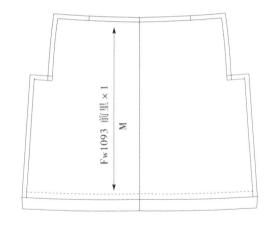

第6节　工业纸样的应用——长裙

样衣制作办单

品牌：　　　　　　　季节：　　　　　　　　日期：

款号：Fw1083	系列组：			款式图和设计说明：
设计师：李跃香				
纸样师：刘成军				
车板师：				
规格				
部位（度法）	设计尺寸	纸样尺寸	成衣尺寸	
外长	88	88.5		
内长				
腰头高				
腰围（放松度）	74	74		
腰围（拉开度）				
坐围	92	92.5		
上坐围				
下坐围				
前浪（连腰）				
后浪（连腰）				
脾围				
膝围				
脚围	143	143.5		工艺要求：
成衣开口				
叉长				
腰带(长×宽)				
袋盖(高×宽)				
袋(高×宽)				

无侧缝做省道

两个褶

面料样板：	用量		
	面料	里料	配料

缩水率：　经纱：　　%　　纬纱：　　　%

备注：　　　　　　　　　　　　　　　　　复核：

工业纸样的应用——长裙

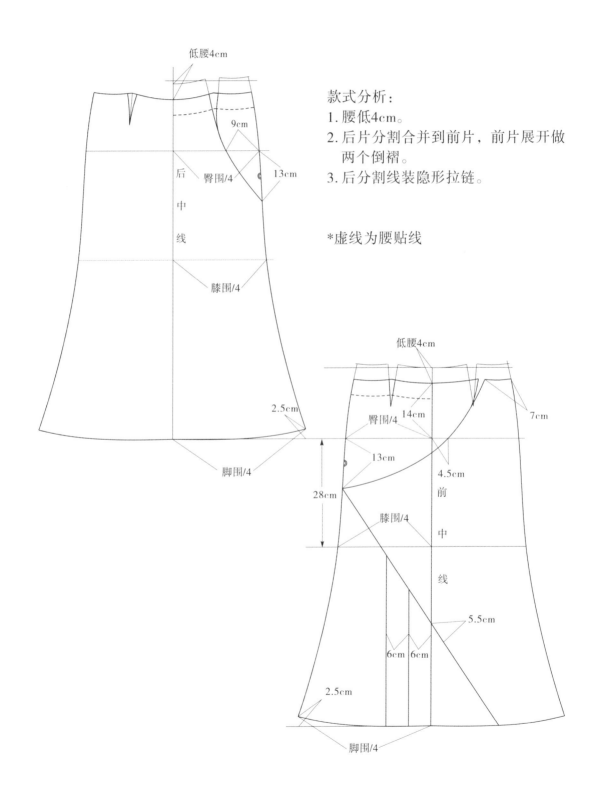

低腰4cm

9cm

13cm

后中线

臀围/4

膝围/4

2.5cm

脚围/4

款式分析：

1. 腰低4cm。

2. 后片分割合并到前片，前片展开做
   两个倒褶。

3. 后分割线装隐形拉链。

*虚线为腰贴线

低腰4cm

臀围/4   14cm   7cm

13cm   4.5cm

28cm   前中线

膝围/4

5.5cm

6cm 6cm

2.5cm

脚围/4

工业纸样的应用——长裙

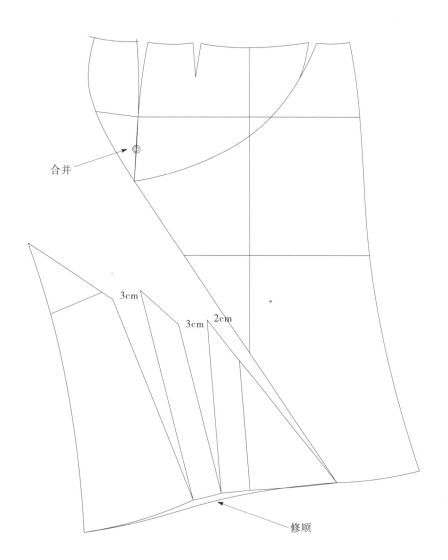

合并

3cm

3cm 2cm

修顺

工业纸样的应用——长裙

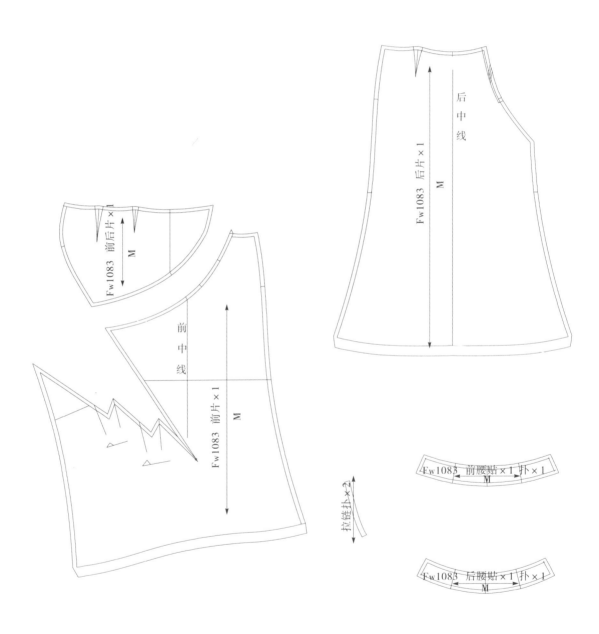

后中线

Fw1083 后片×1

M

前中线

Fw1083 前片×1

M

Fw1083 前后片×1

M

拉链扑×2

Fw1083 前腰贴×1 扑×1
M

Fw1083 后腰贴×1 扑×1
M

工业纸样的应用——长裙

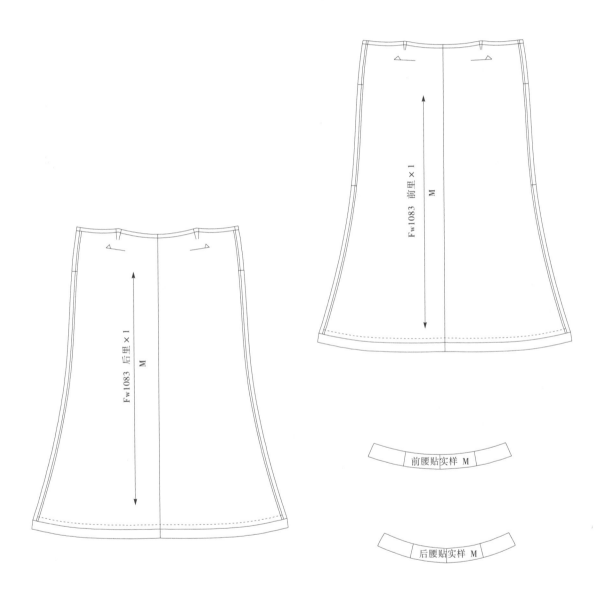

Fw1083 后里 × 1 M

Fw1083 前里 × 1 M

前腰贴实样 M

后腰贴实样 M

第7节　工业纸样的应用——不对称长裙

样衣制作办单

品牌：　　　　　　　季节：　　　　　　　日期：

款号：Cc1023	系列组：

设计师：李跃香
纸样师：吴冬琴
车板师：

规格			
部位（度法）	设计尺寸	纸样尺寸	成衣尺寸
外长（短处）	72	72.5	
内长			
腰头高			
腰围（放松度）	70	70	
腰围（拉开度）			
坐围	92	92.5	
上坐围			
下坐围			
前浪（连腰）			
后浪（连腰）			
脾围			
膝围			
脚围		120+26	
成衣开口			
叉长			
腰带(长×宽)			
袋盖(高×宽)			
袋(高×宽)			

款式图和设计说明：
　　后分割线和展开量要看立体效果来确定。

18左右

工艺要求：

面料样板：

用量		
面料	里料	配料

缩水率：　经纱：　　%　　纬纱：　　　%

备注：　　　　　　　　　　　　　复核：

工业纸样的应用——不对称长裙

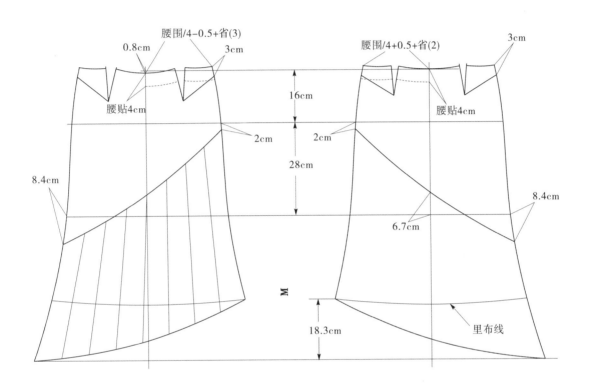

腰围/4-0.5+省(3)
0.8cm
3cm
腰围/4+0.5+省(2)
3cm
腰贴4cm
16cm
2cm
2cm
腰贴4cm
8.4cm
28cm
8.4cm
6.7cm
里布线
M
18.3cm

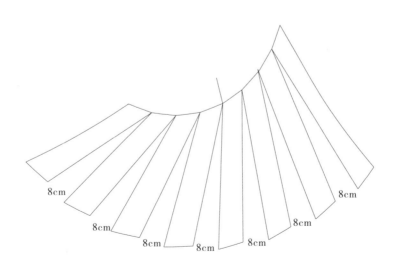

8cm
8cm
8cm
8cm
8cm
8cm
8cm
8cm

工业纸样的应用——不对称长裙

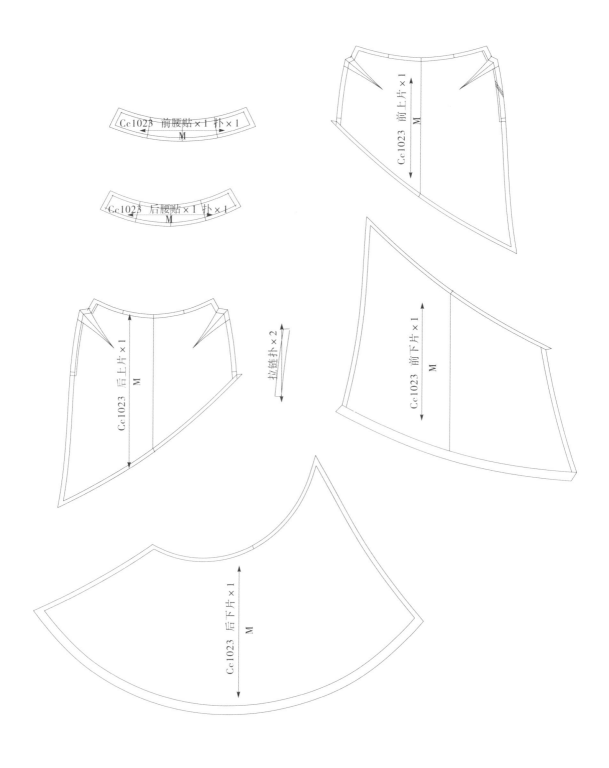

Cc1023 前腰贴×1 扑×1
M

Cc1023 后腰贴×1 扑×1
M

Cc1023 前上片×1
M

拉链扑×2

Cc1023 后上片×1
M

Cc1023 前下片×1
M

Cc1023 后下片×1
M

工业纸样的应用——不对称长裙

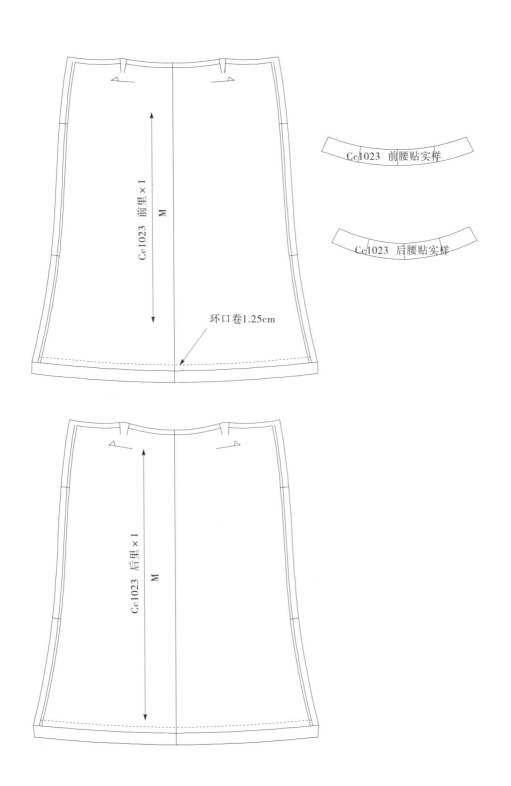

Cc1023 前腰贴实样

Cc1023 后腰贴实样

Cc1023 前里×1
M

环口卷1.25cm

Cc1023 后里×1
M

第五章

裙装纸样放码

　　纸样设计师根据图稿、图片或实物画出结构图，然后用较韧性、透明的白纸，分解成衣片，并注明相互组合关系。如面布、里布、辑线、收省打褶，并包括所有的零部件纸样，这一套完整的纸样称为头样或软样，一般情况下服装公司这个纸样为中码，也有部分公司做小码，视不同的服装公司而定。

　　裁剪师根据这个纸样剪出相应的衣片，工艺师根据这个纸样以及提供的工艺作方法，缝制出样衣。

　　样衣做出来以后这就进入了样衣审核（服装公司称批板）阶段，样衣审核时，如果样衣出现重大问题或多处问题，那么就要修改纸样，重新做一件样衣。如果只是几处小问题就可在修改卡上做好记录，只要修改纸样就可以进行纸样放缩。

　　纸样放缩前的准备工作：

　　1. 根据生产日期的排序，查看款号对照款式，去仓库领取纸样和样衣。仔细核对样衣修改卡的记录，查看领取的样衣是否最新版的样衣（有时因改款修改了纸样做了几件样衣）。

　　2. 仔细核对样衣修改卡的修改记录，度量样衣尺寸和纸样尺寸，查看是否存在误差。

　　3. 查看纸样有没有根据样衣修改卡的修改记录，对纸样进行修改。

　　4. 查看纸样的边角部位，两角相拼是否光滑连接、圆顺，例如：前后肩端点相拼、前后领窝点相拼、前后侧缝相拼等。

　　5. 查看相互组合的衣片，对位刀口有没有遗漏。

　　6. 查看样衣，纸样数量是否配齐。

第1节 裙子放码原理与步骤

基础裙放缩原理

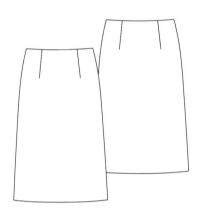

说明：

每一个服装公司都有自己的规格尺寸，服装公司一般是根据自己的市场定位，参照国家号型标准结合自身的客户消费者，反馈的信息设计而成。

笔者建议：

下装6—7个码，围度（腰围、臀围、脚围）跳2.5cm。

下装3—4个码，围度（腰围、臀围、脚围)跳4cm。

码数越多库存压力越大，下面规格尺寸供读者参考。

单位：cm

部位 \ 号型	155/62A	160/66A	165/70A	155/74A	档差
后中长	53	54	55	56	1
腰 围	64	68	72	76	4
臀 围	88	92	96	100	4
脚 围	98	102	106	110	4

裙子放码原理与步骤

基础裙子结构设计

说明：以155/62A为例

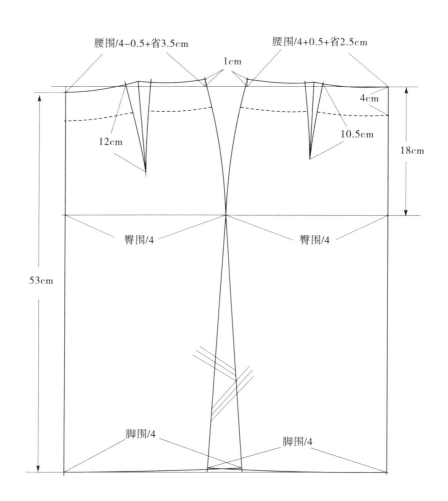

裙子放码原理与步骤

基础裙放缩步骤

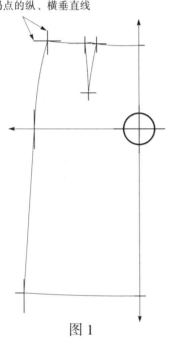

放码点的纵、横垂直线

图1

准备：
用一张拷贝前后片纸样订在硬纸上剪好作网状图连线之用。

图1
1. 用另外一张纸拷贝纸样。
2. 确定前中线和臀围线为纵、横向公共线。
3. 标出放码点的纵、横垂直线。

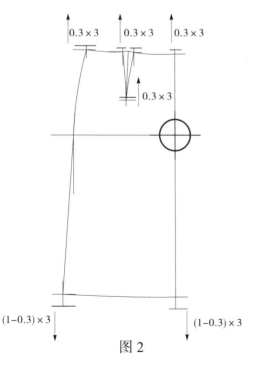

0.3×3　0.3×3　0.3×3

0.3×3

$(1-0.3) \times 3$　　$(1-0.3) \times 3$

图2

图2
说明：
先跳纵向长度方向，再跳横向围度方向。这里以小码为例，跳出3个码，但只标出一个码的数值。

4. 臀高每个码跳长0.3cm，这是按人体自然规律而增加的长度，3个码($3 \times 0.3 = 0.9$cm)臀侧点、省宽点、省尖点、前中腰点依次在纵向线向上0.9cm画出平行线。
5. 脚围线方向：长度档差1cm，上面跳去0.3cm，计算公式($1-0.3$cm=0.7cm)每个码跳长0.7cm，3个码($3 \times 0.7 = 2.1$cm)在脚外侧点、脚中点的纵向线向下2.1cm画出平行线。

裙子放码原理与步骤

基础裙放缩步骤

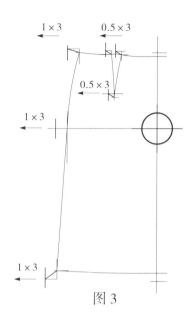

图 3

图 3

6. 围度方向：腰围、臀围、脚围都是用1/4来计算，档差4cm，计算公式(1/4×4=1)每一个码跳1cm。3个码（3×1=3cm），在跳长的纵向线上腰侧点、臀侧点、脚侧点水平横量3cm。

7. 腰省：腰省在腰围的中间，腰围档差1cm1/2=0.5cm。每一个码跳0.5cm，3个码（3×0.5=1.5cm），在跳长的纵向线上腰省点水平横量1.5cm。

8. 用分码线连接最大码和最小码的每一个放码点。

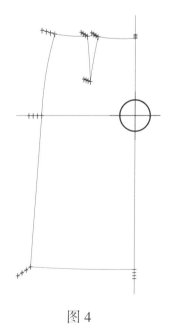

图 4

图 4

9. 在分码线上按照每一个码的档差取值细分各个码的纵、横相交点，各个码的纵、横相交点必须要相交在分码线上。

裙子放码原理与步骤

基础裙放缩步骤

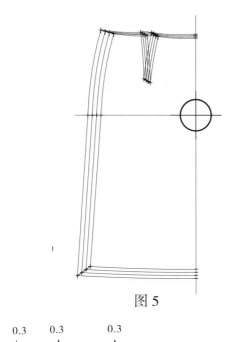

图 5

图 5
10. 用做好的基码(硬样)连线，画出各个码，连线先画出边点一小段线，保证边点的角度不变形，再连中间部分。

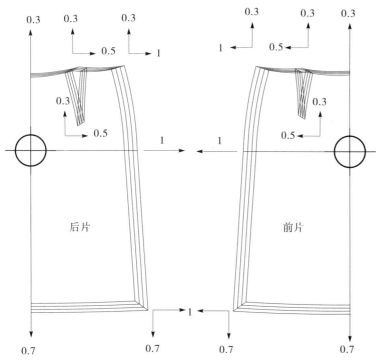

图6
11. 前后片完成的网状图。

图 6

裙子放码原理与步骤

基础裙放缩步骤

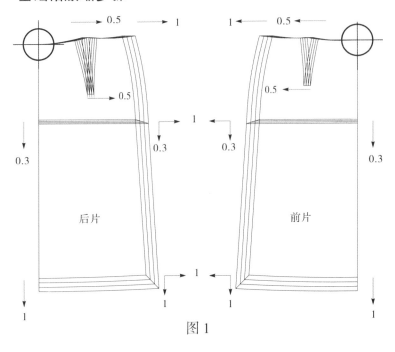

图1
以前中线和上平线为
公共线的放码网状图。

图1

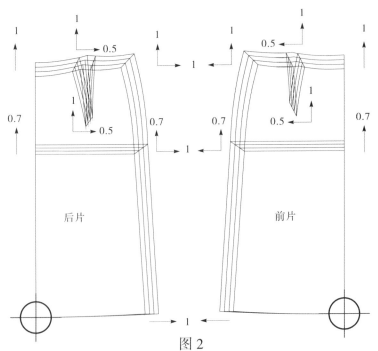

图2
以前中线和脚围线为
公共线的放码网状图。

图2

第2节　裙子纸样放码——
直筒裙（竖向分割）

款号：

单位：cm

位置指引＼尺码	1	2	3	4	纸样损耗	备注
	36/S	38/M	40/L	42/XL		
1. 外长	53	54	55	56		
2. 内长						
3. 腰围(顶边庋)	64	68	72	76		
4. 腰围(拉开度)						
5. 腰高						
6. 坐围　(腰下)	88	92	96	100	+0.6	
7. 上坐围						
8. 下坐围						
9. 膝围(浪下29cm度)						
10. 脾围(浪底度)						
11. 脚围	98	102	106	110	+0.5	
12. 前浪(连腰弯度)						
13. 后浪(连腰弯度)						
14. 衩长						
15. 腰带(长×宽)						
16. 袋(长×宽)						
17. 袋盖(长×宽)						
18. 耳仔(长×宽)						
	19.2	19.5	19.8	20.1		
20.19. 拉链长						
21.						
22.						
23.						
24.						
纸样共计：	里布		实样		毛裁样	
日期：	布料：		封度：		用料：	缩水后：
日期：	布料：		封度：		用料：	缩水后：
日期：	布料：		封度：		用料：	缩水后：

裙子纸样放码——直筒裙（竖向分割）

160/66A

后中长　54cm

腰　围　68cm

臀　围　92cm

脚　围　102cm

1.拷贝直筒裙基础纸样。
2.以省尖为基点，平行前后
　中心线画出分割线，调顺
　省尖成弧线。
3.平行腰口4cm画出腰贴宽。

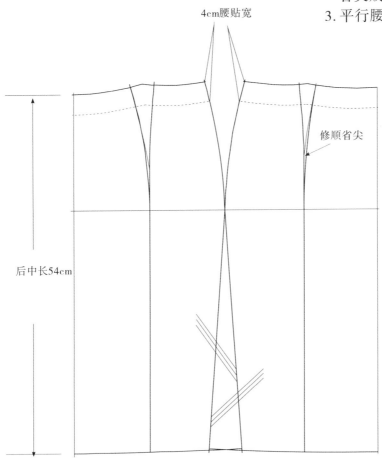

4cm腰贴宽

修顺省尖

后中长54cm

裙子纸样放码——直筒裙（竖向分割）

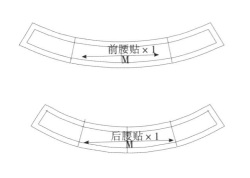

1. 拷贝面布纸样,里布纸样，腰贴纸样，拉链朴纸样。
2. 加出各片纸样的缝份,标出对位刀口，钻眼。
3. 标注拉链位置，长度及其他标注。

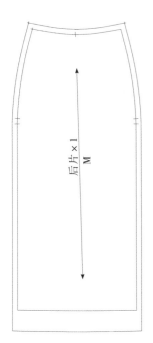

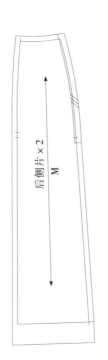

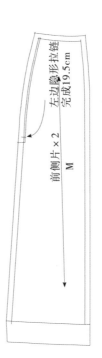

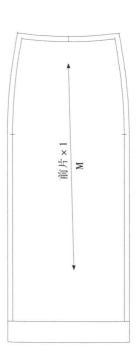

裙子纸样放码——直筒裙（竖向分割）

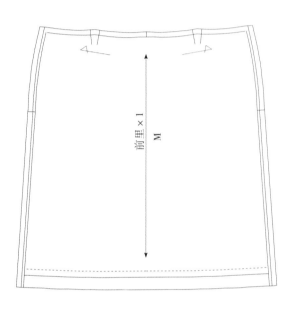

前里×1 M

前腰贴实样 M

后腰贴实样 M

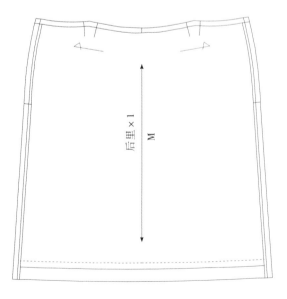

后里×1 M

裙子纸样放码——直筒裙（竖向分割）

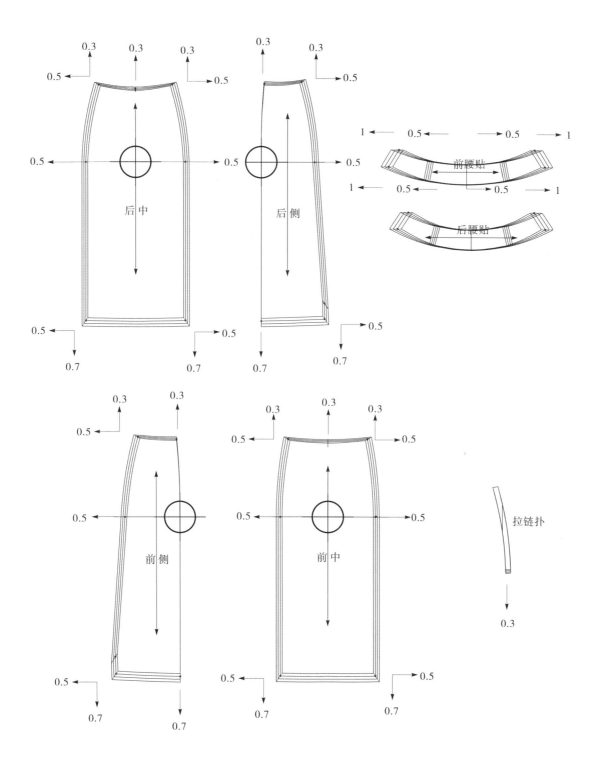

裙子纸样放码——直筒裙（竖向分割）

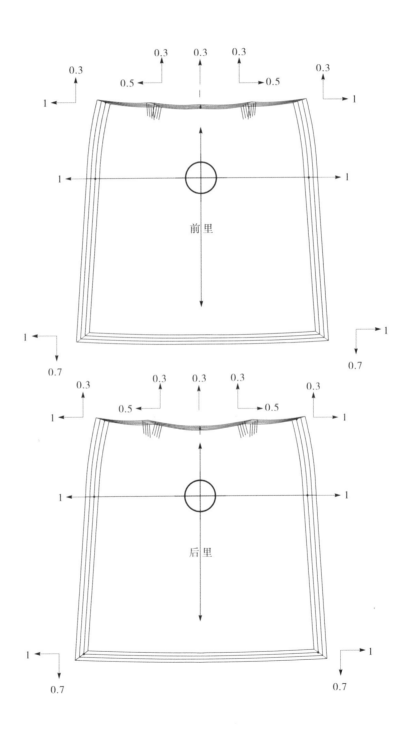

第3节　裙子纸样放码——直筒裙（横向分割）

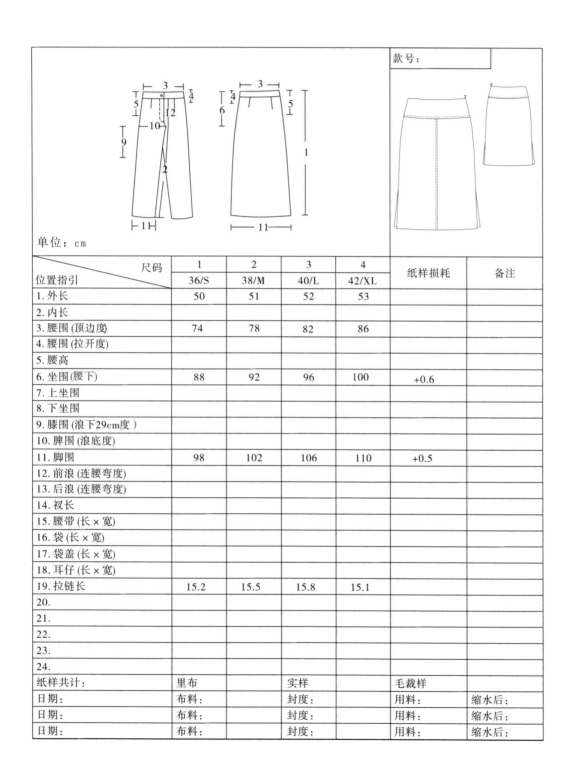

单位：cm

尺码 位置指引	1 36/S	2 38/M	3 40/L	4 42/XL	纸样损耗	备注
1.外长	50	51	52	53		
2.内长						
3.腰围(顶边度)	74	78	82	86		
4.腰围(拉开度)						
5.腰高						
6.坐围(腰下)	88	92	96	100	+0.6	
7.上坐围						
8.下坐围						
9.膝围(浪下29cm度)						
10.脾围(浪底度)						
11.脚围	98	102	106	110	+0.5	
12.前浪(连腰弯度)						
13.后浪(连腰弯度)						
14.衩长						
15.腰带(长×宽)						
16.袋(长×宽)						
17.袋盖(长×宽)						
18.耳仔(长×宽)						
19.拉链长	15.2	15.5	15.8	15.1		
20.						
21.						
22.						
23.						
24.						

纸样共计：	里布		实样		毛裁样	
日期：	布料：		封度：		用料：	缩水后：
日期：	布料：		封度：		用料：	缩水后：
日期：	布料：		封度：		用料：	缩水后：

款号：

裙子纸样放码——直筒裙（横向分割）

160/66A
后中长　51cm
腰　围　78cm
臀　围　92cm
脚　围　102cm

1. 拷贝裙子基础纸样。
2. 基础纸样上,腰口线平行低
   落5cm画出新的腰口线。
3. 平行腰口线6cm画出前后
   分割线。
4. 侧缝处画出侧衩高和宽。

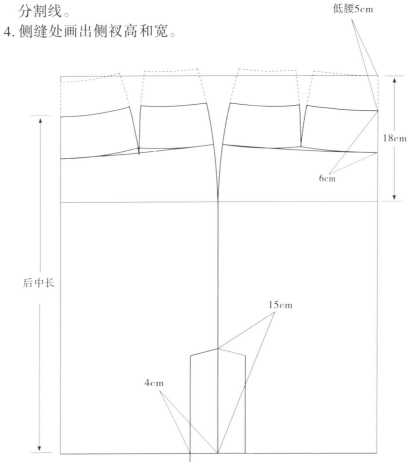

裙子纸样放码——直筒裙（横向分割）

1. 拷贝面布纸样，腰头纸样。
2. 展开里布衩位1cm的松量，并复制纸样。
3. 加出各片纸样的缝份，标出布纹线和文字。
4. 标注拉链位置，长度及其他标注。

重要提示：
　　装腰头的前后片要比腰头的长度长0.2cm左右，长出的量俗称溶位。

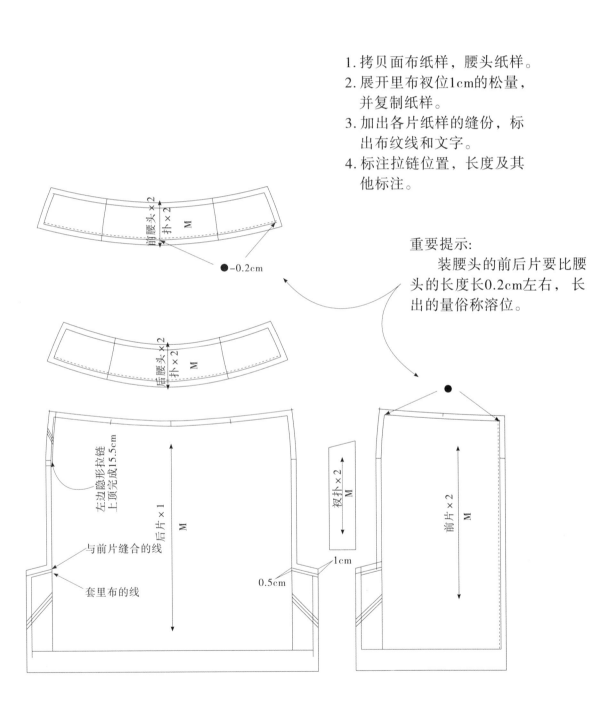

裙子纸样放码——直筒裙（横向分割）

重要提示：

里布衩位如果不展开加出松量，会导致面布衩位置起吊不平的弊病，此方法适用于不同的衩位。

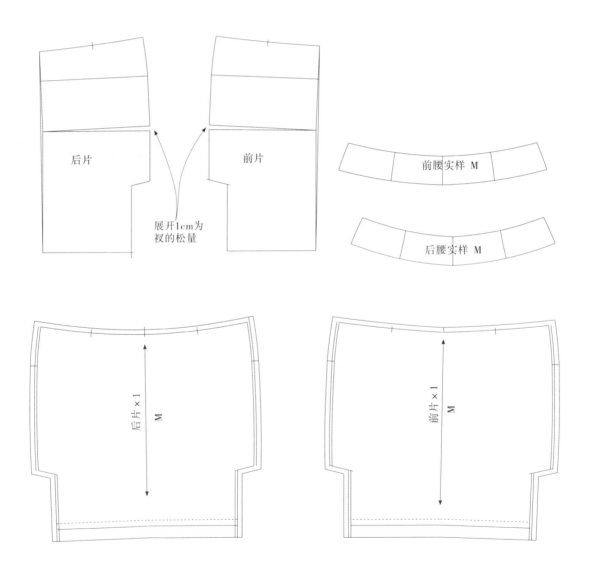

裙子纸样放码——直筒裙（横向分割）

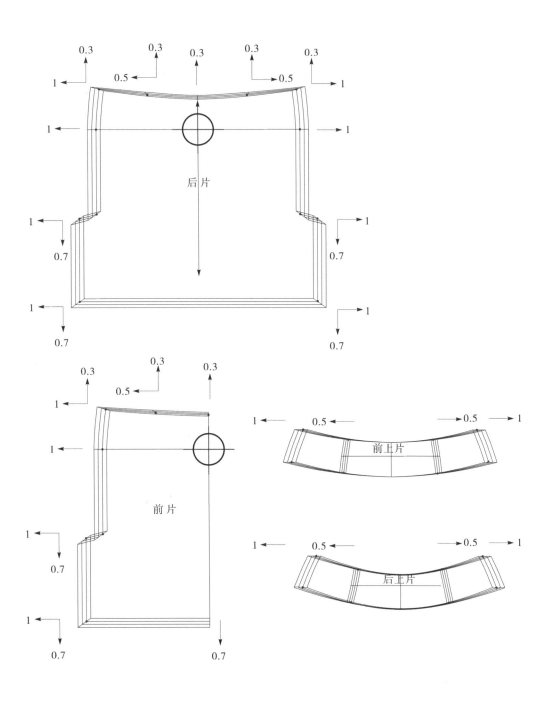

裙子纸样放码——直筒裙（横向分割）

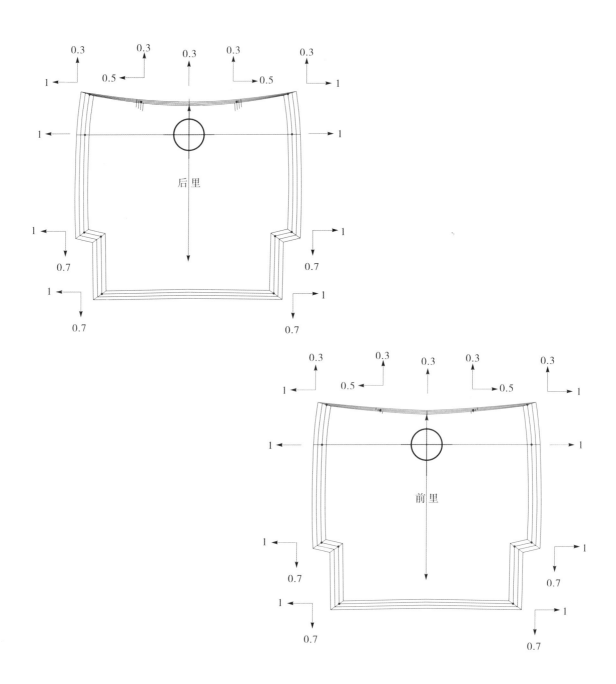

第4节　裙子纸样放码——
直筒裙（斜向分割）

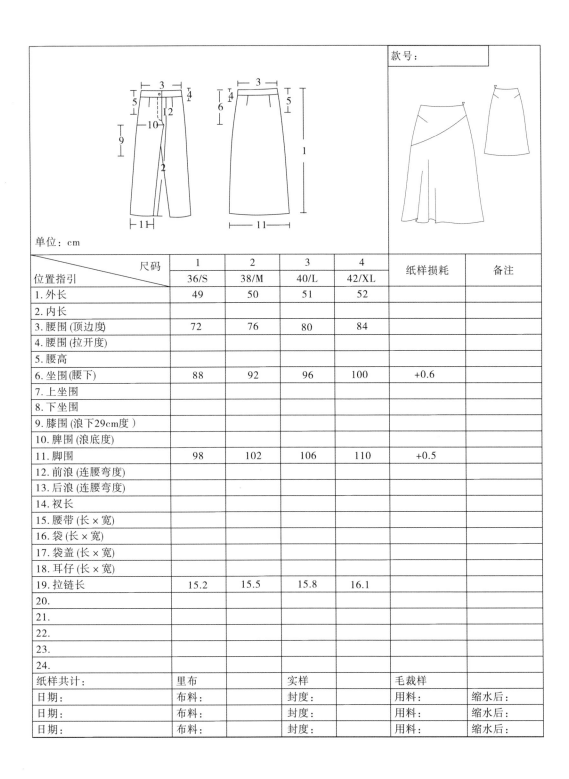

款号：

单位：cm

位置指引 \ 尺码	1 36/S	2 38/M	3 40/L	4 42/XL	纸样损耗	备注
1.外长	49	50	51	52		
2.内长						
3.腰围(顶边度)	72	76	80	84		
4.腰围(拉开度)						
5.腰高						
6.坐围(腰下)	88	92	96	100	+0.6	
7.上坐围						
8.下坐围						
9.膝围(浪下29cm度）						
10.脾围(浪底度)						
11.脚围	98	102	106	110	+0.5	
12.前浪(连腰弯度)						
13.后浪(连腰弯度)						
14.衩长						
15.腰带(长×宽)						
16.袋(长×宽)						
17.袋盖(长×宽)						
18.耳仔(长×宽)						
19.拉链长	15.2	15.5	15.8	16.1		
20.						
21.						
22.						
23.						
24.						
纸样共计：	里布		实样		毛裁样	
日期：	布料：		封度：		用料：	缩水后
日期：	布料：		封度：		用料：	缩水后
日期：	布料：		封度：		用料：	缩水后

裙子纸样放码——直筒裙（斜向分割）

160/66A

后中长　　50cm

腰　围　　76cm

臀　围　　92cm

脚　围　　102cm

1. 拷贝直筒裙基础纸样。
2. 在基础纸样上腰口线平行低落4cm画出新的腰口线。
3. 前后侧缝量4cm画出要转省的位置，并连接省尖点。
4. 平行新的腰口线4cm画出腰贴宽。

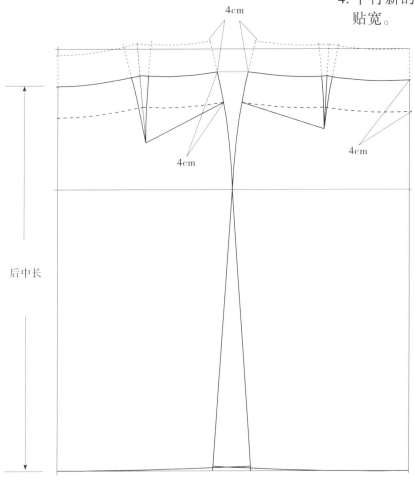

裙子纸样放码——直筒裙（斜向分割）

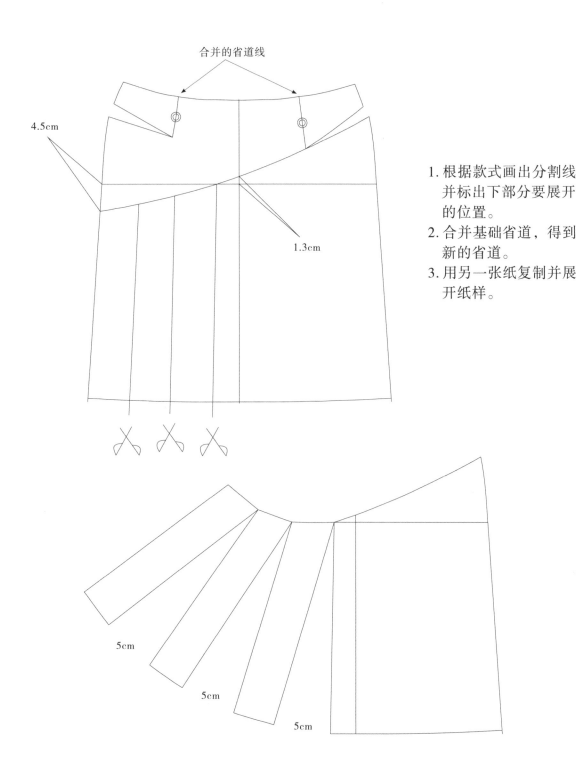

合并的省道线

4.5cm

1.3cm

1. 根据款式画出分割线并标出下部分要展开的位置。
2. 合并基础省道，得到新的省道。
3. 用另一张纸复制并展开纸样。

5cm

5cm

5cm

裙子纸样放码——直筒裙（斜向分割）

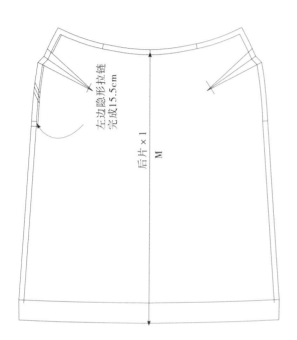

左边隐形拉链
完成15.5cm

后片×1

M

1. 拷贝面布纸样，腰头纸样。
2. 拷贝里布纸样，腰头实样。
3. 加出各片纸样的缝份，标出
   布纹线和文字。
4. 标注拉链位置，长度及其他
   标注。

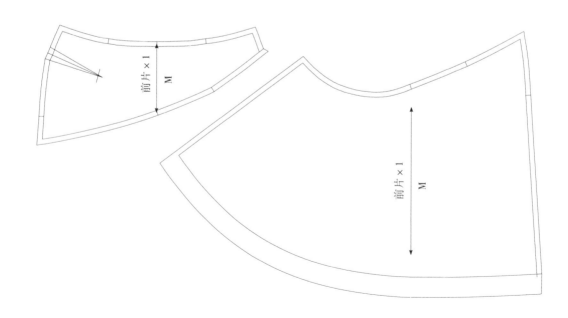

前片×1

M

前片×1

M

裙子纸样放码——直筒裙（斜向分割）

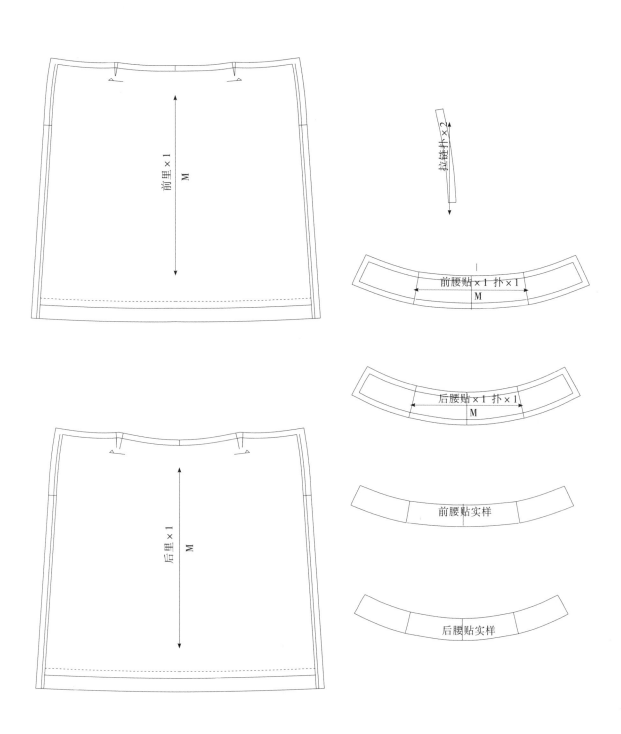

前里×1 M

后里×1 M

拉链扑×2

前腰贴×1 扑×1 M

后腰贴×1 扑×1 M

前腰贴实样

后腰贴实样

裙子纸样放码——直筒裙（斜向分割）

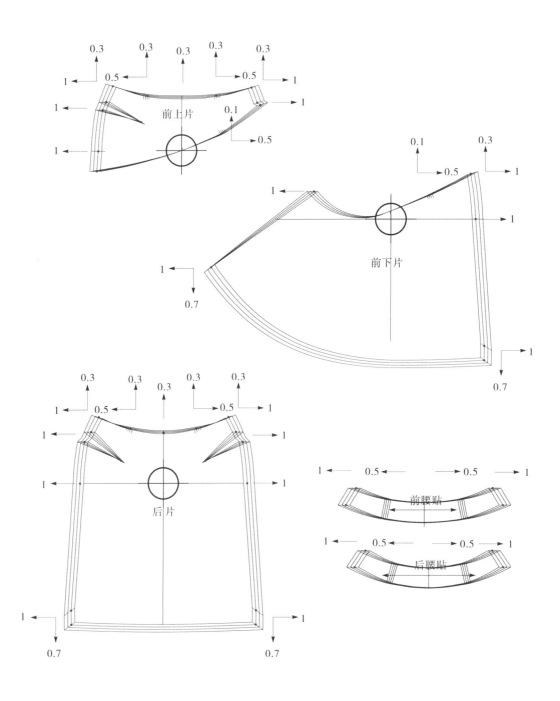